現職自衛官のびっくり体験記

《新装増補版》

逃げたい やめたい 自衛隊

根津進司

社会批評社

はじめに

ボクが、この本を書くのを思い立ったのは、自衛隊の実情を知ってもらいたかったからだ。自衛隊が創設されて以降、自衛隊について書かれたもの、報道されたものは、確かに膨大にある。

が、そのどれも実情に迫っているとは、言いがたいように思う。メディアを通して伝えられるものは、その一部はともかく、真実も全体像も描かれてはいない。やはり、ここには二重にも三重にもフィルターがかけられている。

自衛隊というのは、閉ざされた社会だ。この中は体験したものでないとわからないことが多い。第一、ここでは今なお、旧軍時代の言葉が飛びかっている。グンタイやセンソウなどの、戦後の国民には忘れられ無縁になった出来事が氾濫している。

しかも、この十数年来、隊内の出来事を外部に伝えるのは、元陸幕長とか元統幕議長などの「軍事評論家」ばかりになってしまった。つまり、お偉いサンの考える自衛隊だ。

もっとも、自衛隊がいかに社会から隔絶されているとはいえ、そこは社会の縮図。さまざまな庶民的楽しみも、苦しみもある。ボクがここで描きたいのは、庶民の目から見た自衛隊、いわば、ヘイタイさんの目から見た自衛隊だ。長い退屈な自衛隊生活の中で、ボクは、そのオモテもウラも見てきた。本書では、この自衛隊の実情を正確に描くことに努めた。

この本の最初の版は、一九九五年に現代書館から出した。発行直後から、さまざまな反響、話題をよんだという。著者としては大変嬉しい出来事である。そして、本書の新装増補版をこのたび、社会批評社から出すことになった。

この新装増補版では、当時と異なることには「補足」として、注釈を入れている。また、最近の自衛隊、自衛隊員をめぐる出来事についても、書き足している。読者の、とくに隊員たちからの批評をお願いしたい、と思う。

二〇〇五年五月一日

目　次

第2章 営内班の中はドブ 55

第4章 演習場の中はドロまみれ 125

第7章　自衛隊の常識はシャバの非常識　229

表紙カバー装幀・イラスト　タケタニ

第1章　シャバから隔離される新兵

●ポン引きにダマされて入隊

ボクが自衛隊に入隊したのは、一九七〇年六月初めの頃だ。当時は日本の「高度経済成長」と言われた時代。まだ「集団就職」という言葉が残っていて、ボクの九州の田舎からもたくさんの若者たちが、関西や名古屋の紡績工場などに就職していった。

ボクは一九七〇年の春に、大学受験を目指して上京した。そして予備校に通い、アルバイトにも精を出す毎日が続いていた。

上京しておよそ二カ月たった、五月初めのことだ。ようやく都会暮しにも慣れはじめたボクは、いつものように浅草に近い下谷の下宿からバイト先に向かった。この日は余りにも天気がよかったので、時間ツブシに上野の西郷さんの前の路上をフラフラ歩いていた。そうすると突然、三〇歳前後の見知らぬ男から声をかけられた。

「お兄さん、いい体しているね。学生さん？」

ボクは肩を叩いてきたその男にビックリし、

「いいえ、予備校生です」

と正直に答えてしまった。

「実は、いい仕事があるんだが、ちょっとサテンで話でもしていかない」

ヤーさんかとも思った。が、浅黒く日焼けしたその男は、マジメで人がよさそう。ボクは、つられてつい、ノコノコとついて行ってしまった。そして、これがボクの悪運の始まりになる。

サテンの席につくなり、その男は自己紹介がてらに話はじめた。実は自分は自衛隊の地連（地方連絡部）の募集官であり、隊員募集をしていること、ボクと同じ九州出身であり、一般部隊から派遣されてこの仕事を担当していることなどだ。

ボクが興味をひかれたのは、男の話の中にあった「自衛隊は、働きながら大学に通学できる」ということだった。実家からの仕送りをまったく期待できなかったボクは、いずれ時間のとれる仕事を見つけて大学に通わなければと思っていた。

彼が同郷だったこともボクの警戒心を解いた。あるいは、生来の好奇心のカタマリというボクの性格が禍したかもしれない。ボクは、ちょっと遊びがてらに寄っていかないかというこの男の言葉に騙されて、その日のうちに市ケ谷にある東京地連に連れていかれ、その日のうちに入隊試験を受け、そして、その日のうちに入隊を決めてしまったのだ。

入隊日は、約一ヵ月後の六月一日。

●現在もあるM検

ボクが一番ビックリしたのは、入隊のための筆記試験の時だ。試験官は「キミは目をつぶってても合格だ」と言ったが、なんと試験問題は小学五、六年生程度。しかし、驚くなかれ。答案用紙にはようやく見える薄い字で、すでに答えが書いてあったのだ！

筆記試験、身体検査、「身元調査」と難なく合格したボクは、五月下旬、神奈川県横須賀市にある、陸上自衛隊の武山教育隊に入隊した。教育隊は三浦半島の海の近くにある。この日は五月下旬とはいえ、雨のシトシト降る寒い一日だった。

武山教育隊は、とても広々としたところだ。九州の自然の中で育ったボクは、ゴミゴミした東京の生活にいささかアキアキしていた頃だったから、間近に青々した山と海の見えるここはとても気にいった。

到着したその日は、身体検査だ。身長、体重、視力、歯、ここまでは型どおりの検査だった。この後、一人ひとり医官の部屋へ呼ばれる。ボクもパンツ一枚のまま、医官の前に立った。するとこの医官ドノ、ボクのパンツをさっーと引きおろすやいなや、ボクのタマタマを両手で握りしめ、ギュウギュウと揉みはじめた。ボクはアッと驚くが声もでない。まったくあっけに取られてしまった。一瞬、有無をいわせず早業。

この検査の意味は、後で営内班長に聞いてはじめてわかった。これは性病検査、つまり「M検」ということだ。タマタマを強く握れば、ベテランの医官には、性病を患っているかどうかがわかるらしい。梅毒などを患っていると、タマタマがグニュグニュになるという。

時にはこれに引っ掛かり、即除隊のハメになる者がいると聞いた。自衛隊は性病を相当嫌っているようだ。幸いボクの同期の者には、引っ掛かるのはいなかった。

翌日は官品の被服の支給。大きな衣のうを抱えて次々に廻る。制服、制帽、作業服、外套、半長靴、短靴、靴下、下着などなど。パンツ以外はすべてをくれる。自衛隊は衣食住がタダとは聞いていたが、こんなにたくさん支給されるとは思わなかった。

しかし、難儀だったのは、もらった服がすべてダブダブだったことだ。ボクはこれを支給してくれた隊員に言いに行った。すると彼らは、判で押したように答える。

「自衛隊では、被服の寸法を身体に合わせるのではなく、身体を被服に合わせるんだ！」

この意味は、教育隊を卒業する頃、実際に理解できるようになる。不思議とダブダブだ

服に体を合わせるのだ

った被服は、ボクにピッタリしてくる。

入隊式までの一週間、班長も区隊長もボクたちにとてもやさしかった。駐屯地内を見学したり、敬礼の仕方を教わったり、ネクタイの結び方を教わったり。恥ずかしながら、ボクはネクタイというものを、生まれて初めてここで締めることになった。靴磨きを初めて覚えたのもここでだ。革靴など、ボクは田舎でまったく縁がなかった。

ボクたちは、この期間だけは「お客さん」扱い。しかし、この一週間が過ぎたら彼らは豹変した。

●センシ記号の認識番号の付与

自衛隊に入ってちょうど一週間目。この日が入隊式だ。六月隊員、一個教育中隊総員一〇三名、これが三個区隊を編成し、一個区隊は三個営内班を編成する。一個営内班は一三名だ。ボクは第三区隊の第二営内班に配置された。

この総員一〇三名の入隊式は、第一教育団長の出席のもとで行われた。この日ボクは、陸上自衛隊二等陸士に正式に任命される。ところで、入隊式のもう一つの目的は、自衛隊員としての宣誓式だ。ボクらを代表して一人の隊員が、デッカイ声で宣誓する。

宣　誓

私は、わが国の平和と独立を守る自衛隊の使命を自覚し、法令を遵守し、一致団結、厳正な規律を保持し、常に徳操を養い、人格を尊重し、心身をきたえ、技能をみがき、政治的活動に関与せず、強い責任感をもって専心職務の遂行にあたり、事に臨んでは危険を顧みず、身をもって責務の完遂に努め、もって国民の負託にこたえることを誓います。

もっとも、この宣誓させられた内容を理解していなかったのは、ボクだけではないようだ。「政治活動の禁止」も「命を賭ける義務」も、この段階では何らの教育もなされていない。

この宣誓文には、その後の七〇年代に「法令を」云々の前に、「日本国憲法及び」という文言が挿入された。これは、国会での野党の追及によってである。

入隊式の後もさまざまな儀式が続く。二年間は退職しませんという誓約書。そして認識番号の付与。ボクの認識番号はG７６２２０５、自衛隊に七六万何番目かに入ったということだ。

ところが班長が言うには、この認識番号というのは、ボクらがセンシし死体がバラバラになったとしても、氏名が確認できるようにということから与えられたというのだ。確かにボクも、『コンバット』やベトナム戦争の映画で見たことがある。死んだ兵士の首から金属のフダを引きちぎっているのを。つまり、戦場からボクらの遺体は還らないとしても、認識票だけは還ってくるというワケ。

いろいろな儀式が続く中で、いよいよボクたちも「兵士」になったのだという実感が湧いてくる。班長なども この頃、口をすっぱくして言い始めている。「オマエラ、早くシャバ気をぬけ！」。

ボクの自慢の長髪をバッサリと切り、ボウス頭にしたのもシャバから隔離するためだったのか。ボクらシンペイはこのあと、前期・後期教育の半年間、世俗から断たれた生活が続く。

●入れズミ・性病は入隊禁止、銃マニヤは歓迎？

ボクが配置された隊舎は、二階建ての鉄筋の建物の一階。床はモップでピカピカに磨き上げられている。ボクの営内班は一三名。年齢も職業も出身もバラバラだ。

班長や助教官（助教）がいつも嘆いていた。新卒の三、四月隊員は素直で扱いやすい。が、それ以後の新隊員は、シャバの生活を経験しているから扱いにくいと。

ボクの二段ベッドの上にいるのは、二四歳ギリギリで入ってきた千葉県出身の元バーテン（当時の一般隊員の入隊年歳は二五歳未満、現在は二七歳未満）。一九歳になったばかりのボクとは五つも歳が離れている。彼は体を鍛え、カネを貯めるために入ったという。

ボクのベッドの横の下、つまり二段ベッドの一段目だが、ここにいるのが青森県出身の山下クン、二〇歳。彼は地元の中学校を出て、埼玉県の大宮に近いニッサンに入ったが、仕事がつまらなくて辞めてきた話していた。地連の募集官は、自衛隊は免許がたくさんとれると言っていたという。彼も大型特殊の免許をとりたいと話す。マジメでやさしい彼とはボクと年齢が近いせいか、いつも一緒に行動する仲となった。

ボクの新隊員の同期生では、ほとんど東京出身者はいない。一番多いのは千葉県、二番目が神奈川県。その他、新潟、群馬の順に多い。自衛隊全体では九州出身者がおおよそ三分の一を占めているというが、ここでは九州はボクだけだ。

同期生の元の職業は、さまざま。ボクと同じ予備校生もいたが、大工、トラック運転手、工員、農家の次男、三男坊などなど。自衛隊の隊員に金持ちはいないと思っていたが、やはりボクと同じ、貧乏人の寄せ集めだ。三分の一が中卒、三分の一が高校中退。母子家庭という人もチラホラいる。隣の班では読み書きができない人もいる。また、他の班には暴走族アガリも元チンピラという人もいる。

驚いたのが、やはりグンタイのせいか、銃マニヤというか戦争マニヤがいることだ。こういうヤツは軍事専門雑誌の『丸』あたりを読んでいて、銃のことにやたら詳しい。もっとも後で出会うことになるが、幹部のなかにもこの手のマニヤがいる。

しかし、いろんなヤツがいるこの自衛隊の中でも、入れズミしたヤツと性病を患っているヤツは入れない。この理由は、おいおいボクにも解ってくる。もう一つ班長などかチェックしているのが、シンナーを吸っているヤツだ。さすがに覚醒剤をやっているというのは、当時は聞かない。

●早メシ、早グソ、要領は旧軍の伝統

中学生の頃、兵隊アガリの親戚の叔父さんに聞いたことを、ボクは思い出しはじめた。「早メシ、早グソ、要領がグンタイの生活」だということを。

朝六時、起床。上半身ハダカで営庭に飛びだし、日朝点呼（人員が揃っているか確かめること）を受ける。この間一～二分。点呼の後、自衛隊体操そして駆け足と続く。これが終わると急いでベッドを整頓し、駆け足で食堂に飛び込む。食事時間一～二分。この秘訣はゴハンを噛まないこと、つまりメシにミソ汁をブッかけて食べることだ。食べたらまた駆け足で営内班に戻る。おかげさまで、ボクは一カ月で胃を壊してしまった。

戻ってトイレをはじめ、部屋掃除。モップをかけて丁寧に拭く。次にベッドの整頓と靴磨き。班長の点検を受け、七時から間稽古《まげいこ》。「まげいこ」とは、徒手教練から隊歌演習、号令調整まで何でもありだ。つまり、正規の課業時間以外の自主的な訓練。この間、朝の「定期便」は時間的に不可能。おかげでボクは、夜に用を足すクセがついてしまった。

隊歌演習では、三カ月の間に二十数曲の隊歌、軍歌を覚えさせられる。「陸自隊歌」か

ら「歩兵の本領」「予科連の歌」「元寇」なんてのもある。よく自衛隊にはこれだけ隊歌があるものだと関心する。教育隊、連隊、師団、各部隊ごとそれぞれ、必ず隊歌がある。

号令調整とは、デッカイ声を張り上げて部隊を動かすことだ。「回れ右」「前へ進め」などの号令を、出るかぎりの声で叫ぶ。おかげで、誰もがしまいには声がデカくなる。

間稽古を終わって教育団長、中隊長列席のもとでの朝礼、「日の丸」の掲揚に向かって敬礼。そして午前の課業開始。午前中はだいたい座学（室内教育）だ。これは教場などで服務や自衛隊の組織についての勉強。午後からはだいたい教練や体育。

これでミッチリと絞られた後、五時に課業終了、終礼。「日の丸」の降下に敬礼。その後、急いで夕食をすませ、フロに入ったあと午後七時から教場での自習。これが九時までで、このあと部屋掃除、日夕点呼を済ませた後、またまた間稽古と続く。就寝は午後一〇時ピッタリに消灯。一斉にすべての建物から明かりが消える。

ラッパの音で目覚め、ラッパの音でようやくここで休む。ラッパは班長が言うように確かにこう聞こえる。「シンペイサンハ　カワイソウダネー　マタネテナクノカネー」。

一日中、分刻みの生活、もうボクたちはクタクタ。

●耐えられない「三K」職場

入隊して三週間、自衛隊生活にもボクたちは、ようやく慣れてきたところだ。しかし、どうしても慣れないことがある。それはとくにフロ場だ。

表面がむきだしのコンクリートの浴槽で、手アカ、尻アカで黒ずんでいる。町の銭湯の数倍はある大きさで、深さは胸まである。水を入れボイラーで暖める。でも浄化する設備がない。一度入れたお湯は最後の一滴まで使われる。だからしまいには、お湯の表面は白いものでおおわれ、底は見えない。

洗い場といえば、あるにはあるが数は少なく、お湯がなくなり、出ない時がある。したがって、多くの者は浴槽の回りに座り、そのお湯で髪を洗い、顔を洗い、体を洗う。豪快なヤツは、その白いものが漂うお湯で歯を磨き、うがいをする。このフロには一度に一〇〇人以上が入ることになる。

ナイーブなボクは、これにはどうしても慣れない。だから外出出来るようになった時は、できるだけ町の銭湯に行ったものだ。が、この汚いフロ場にはオマケがついている。「グ

Kキツイ Kキタナイ Kキケン

リコのオマケ」ならぬありがたくない、水虫、インキン、タムシのオマケだ。たいがいの隊員が医務室通いとなるのだ。水虫、インキン、タムシをボクもここで初めてみまわれた。しかし、インキン、タムシはすぐに治ったが、水虫はこれからウン十年、付き合わされるハメとなってしまう。これはまさに自衛隊の職業病だ。

汚いのは、ここだけではない。ボクらが居住する営内班も、暗くて狭く汚い。部屋に入ると二段ベッドがずらり、ところ狭しと占領している。鉄製のベッドはスプリングがほとんどきかない。このベッドにはベニヤ板が敷かれ、その上にマットレスがある。時代もので、誰かが寝返りをうてばギーギーという音がする。

そのマットレスを包むように、支給された毛布七枚で寝床を作る。イモ虫が横になった格好で眠るのだ。この毛布は汚くて重い。休養日のたびに日にあてて干すのだが、毛がすりきれている。

この七枚の毛布を朝たたむのが一苦労だ。分刻みのスケジュールの中で、毛布のシワをのばし、四方の面を直角にし、角をつける。羊羹を切ったように整頓するのがコツだ。しかし、「よーし、これで完璧だ」と思っても、助教や班長は「秘密兵器」をかくし持っている。

一〇円玉だ。ベッドの中央にそれを落とし、ボールのように跳ね返ってくれれば合格だ。

毛布の張り具合を点検するのだ。跳ね返ってこなければ不合格。「台風」がベッドの上に上陸する。「台風襲来」という班長の声で、容赦なく毛布がはぎ取られ、もう一度ベッドメイクのやり直しである。こんな生活が毎日のように続く。

営内班では飲酒禁止だ。だからボクらはこの二週間、アルコール一滴も呑んでいない。班の中の酒好きのヤツなど、断酒状態で毎日水をガブガブ飲んでいる。

田舎で労働で鍛えたボクにとって、「キツイ」はあまり感じない。しかし、ボクの上のバーテンアガリは、歳なのか。さすがに運動不足のせいでまいってしまっている。三K「キケン」の方は、この後どう体験させられるのだろうか?

●貯金と日記は上官管理

六月一八日。入隊以来初めての給料日だ。給料とは自衛隊では言わない。「俸給」だ。手取で二万七千六〇〇円也。東邦生命、協栄生命などの強制保険、退職一時金などが引かれている。制服を着用して、会計班から一人ずつうやうやしくいただく。この後、中隊長へのちゃんとチョウダイしましたという申告。

全部これを使えると思ったら大間違い。全員に貯金通帳が渡され、三千円を除いて天引きで強制貯金。そして通帳と印鑑は班長、区隊長が管理するという。これは「脱柵《だっさく》」の予防だとあとで聞く。

座学の時に、一般部隊でも新隊員は、貯金の額によって外出、外泊の回数を決めると教育を受ける。つまり、カネのないヤツは外出もできないというワケ。だから貯金をしろという。

この頃から、毎日夜の自習の時間に、反省日誌というのを書かされる。これを一週間ごとに提出する。毎日自己反省して鍛練するというが、実態は身上調査という名のボクたちの監視だ。これで営内班の交友関係や、ボクらの動向を常時、掌握するのだろう。

今日は座学で、自衛隊員の六大義務・四大制限というのを区隊長から教育された。六大義務とは、一、指定場所に居住する義務　二、職務遂行の義務　三、上官の命令に服従する義務　四、品位を保つ義務　五、秘密を守る義務　六、職務に専念する義務、である。

印象に残ったのは、本日の昼飯の献立であるカレーライスも、外部に洩らしてはいけないということだ。これにはみんなが笑ってしまった。しかし、区隊長はマジメな顔をして話している。

「上官の命令に絶対に服従」というのも記憶に残る。区隊長は自分の旧軍の体験談をボ

お金と心は
預金通帳
ぼくの日記
預っとくから….

クたちに語ってくれた。敗戦の時、幹部侯補生で米軍の九十九里浜上陸に備え、塹壕ばかり掘っていたという彼は、とても温和な感じである。

四大制限で印象に残ったのが、政治的行為の制限だ。選挙権の行使以外は禁止という。デモや集会はもちろん、外部に意見を発表するのでさえ禁止。ボクはこの時、政治のことに強い関心を持っていたわけではないが、一度は学生たちの集会をのぞいてみたいという好奇心はあった。この当時の東京は、七〇年安保の最高揚期を迎えていたから、ボクも同世代の青年として、当然、まったくの無関心ではおれなかったのだ。

翌日の座学では、精神教育というのがあった。これは中隊長直々の教育だ。中隊長も旧軍アガリで、戦争中は将校として中国大陸で戦ったという。旧軍将校らしい威厳を持った彼は、この精神教育で「中共」やソ連の非人間性を説く。つまり、この教育は自衛隊の敵、共産主義と戦うために行われている。

●脱走と脱柵、一字の違い

今日は、ボクたちにとって初めての外出。が、外出といっても班長引率の集団外出だ。

二〜三日前にもらった給料でフトコロは暖かい！　営内班一三名が制服を着てゾロゾロ歩く。とても一人だったら歩けないに違いない。制服は恥ずかしいのだ。三笠公園や横須賀市内を見学する。

午後、三〜四人連れで自由行動になった。ボクはバーテンクンや山下クンと組んだが、帰りの時間、場所を三人で打ち合せして別れる。

ボクはひとり、街をブラブラ歩きながら、束の間の自由を満喫した。そしてサテンに入る。この数年、一日四〜五杯のコーヒーを飲むのがボクの習慣になっている。久しぶりにシャバのコーヒーの味を楽しむ。しかし、ハタと困った。人の視線が気になる。ジロジロ見られているような雰囲気だ。横須賀は自衛隊の街だから、隊員など物珍しくもないはずと聞いてきた。

そう。これはボクの意識過剰。この理由は思い当った。つまり、制服よりもこのボウス頭が原因だ。九州時代は、高校三年に髪を伸ばすまでずっーとボウズでいたから、ボクはボウズに慣れていたつもりだった。しかし、いったん髪を伸ばすともうボウズ頭はダサくなる。ボクは制帽をあわててかぶり、ようやく落ち着いて今後のことをいろいろ考え始めた。

帰隊時間が迫ってきた。待ち合わせ場所の横須賀中央の駅に行く。だが、五時の約束を一時間すぎても山下クンが来ない。バーテンクンとイライラしながらギリギリまで待つが、しょうがなく帰る。帰隊遅延は厳重処分と教育を受けたばかりだ。門限には間に合ったが、三人別行動をとったことを班長にコッテリしぼられる。

しかし、山下クンは、門限を過ぎても、消灯時間になっても帰ってこない。中隊事務室の方が騒がしい。区隊長、中隊長も急遽、出勤してきたらしい。班長がみんなを集めた。彼が言うには、これは脱走ならぬ「脱柵」らしい。班長や助教は、これから東京の山下クンの兄弟宅や、青森の実家まで行くとのこと。あとで知ることになったが、こんな時に備えて隊の方では、郵便物をすべてチェックし、「身上調書」に記載しているとのことだ。

ボクも中隊事務室に呼ばれた。一緒に外出したことが原因ではない。ボクが彼ともっとも親しかったからだ。ボクは区隊長に隠さず話したつもりだが、それでも理由は思いつかない。

ボクは後でいろいろ考えた。生キジメで繊細すぎるぐらい繊細な彼は、自衛隊は向かなかったのではないか。フロや営内の汚さよりも、まったく私的な時間も場所もないここの生活は、よほどズブトイ神経を持ち合わせていないと、務まらないのではないか。班長や助教の暴力も原因かもしれない。当初の頃と違って、彼らは最近、やたらと暴力をふるう。あまり体が強くない山下クンは、いつも訓練での最初の犠牲者だったのだ。

山下クンの脱柵は、ボクらの営内班だけではなく、同期のシンペイ全体に動揺を与えたようだ。上官からの脱柵予防の教育が頻繁に行われる。が、彼らも脱柵には慣れているようにみえる。おそらく、脱柵の続出は彼らの勤務成績に響くのだろう。

予想どおり、前期、後期の期間に、三人が脱柵した。うち一人は、夜中に塀を乗り越えて逃げた。しかし、山下クンをはじめ、三人とも捜索隊に発見され、山下クンともう一人は退職、他の一人は隊に連れ戻され、行政処分を受けたという。

脱柵は、何の法的根拠もない、あの「二年間はやめません」という誓約書のせいだ。本来、ボクらは自衛隊に任意で志願してきたのだから、退職届けを提出すればいつでも辞められるはず。ところが、退職を申し出ると誓約書をタテにとり、執拗な上の説得、追及がある。だから、辞めたくても辞めれなくなる。

しかし、それ以上にボクらは、何かワケのわからないものに縛られている。つまり、グンタイという重圧感の中での拘束。これが「脱柵」につながるようだ。

●ズッシリ重い小銃の貸与

ボクたちシンペイさんの日課は、この前期教育の期間、毎日、ウンザリするほどの教練の繰り返しだ。朝の間稽古から始まり、午前か午後、必ずこの教練がある。

「気を付け」「休め」「整列休め」から、「右向け右」「前へ進め」の徒手教練。敬礼の訓練も毎日欠かせない。挙手の敬礼や室内の敬礼。

自衛隊の教練は、一般の学校の朝礼でやっているような、いいかげんなものではナイ。すべてが細かく決められている。たとえば「気を付け」は、「号令で両かかとをつけて同一線上にそろえ、つま先を約六〇度に等しく開き、ひざは固くしないで真っすぐにのばし、体重をかかとと足の親指の付根のふくらみに平均にかけ、上体を腰の上に落ち着け、胸を張り、両肩をやや後に引き一様に下げる。——」と続く。「休め」も「敬礼」も、細かく決められている。

おもしろいのは、室内の敬礼、つまりオジギのことだが、これは一〇度頭を下げるのと四五度頭を下げるのがある。四五度は「天皇と棺」への敬礼。天皇と棺が同じというのもナットク。

が、この敬礼の訓練には、さすがにボクもイヤになった。何故こんな訓練させるのか。とどのつまりは、上官連中に敬礼させるためではないか。メシを食べに行くときも、フロに行くときも、広い駐屯地内を歩くだけで最低、二〇～三〇回は敬礼。ボクらシンペイは通りすがりの会う人全部に、敬礼だ。

敬礼は、規則上は教育隊の上官と幹部だけとなっている。が、ボクらは教育隊の上の連中の顔を、全部覚えているわけではない。となると、敬礼をしそこない、「欠礼」ということになる。欠礼には厳しい「指導」がまちかまえている。

教育が進むにつれてこの教練も、部隊教練から執銃教練に変わっていく。ところで、やはり自衛隊がシャバとは違うのは、この部隊の整列にも出ている。ボクらは学校で整列する時、背の低い順に前から並ぶわけだが、ここでは逆に背の高い順に並ぶ。おかげで一八〇センチあるボクなど、いつも最先頭に並ぶわけだ。この理由は推測だが、「敵に強く見せる」ためかもしれない。

基本教練にも慣れてきたころ、ついに待ちに待った武器授与式だ。新隊員全員中庭に集められ、中隊長から一人ずつ、六四式小銃を手渡される。銃の番号を復唱。ズッシリ重い。ボクも生まれて初めて銃なるものを持った。さすがに興奮する。これで人を殺せるのか？

小銃の貸与を境に執銃教練や戦闘教練が多くなった。駐屯地の訓練場を泥マミレになりながらハイズリ回る。ほ伏や突撃訓練が続く。

そして、やっと実弾射撃が始まる。武山駐屯地の山の下に射撃場はある。渡されたのは各自一八発の実弾。弾装を小銃に込める。金属の鈍い音。初めに寝射ち。監的壕の的に向けて、しぼるようにゆっくり引き金を引く。ズキューン。赤い曳光弾が飛んでゆく。肩がはずれるほどの強い衝撃。数日は肩が痛くなる。続いて、照準を合わせながら連続して撃つ。一八発のタマはアッというまになくなってしまった。

不思議な感覚だ。快感と怖さ。これが武器なのか。

ボクらは、六四式小銃の分解、組立てをも習った。これを暗ヤミのなかでやるのだ。前期教育を終了する頃には、だいたい、ほとんどの人が素早くできるようになった。

●一膳メシとは情けなや

ここに入隊して良かったことが、ふたつほどある。ひとつは三カ月で体重が一〇キロ近くも増えたことだ。よっぽどボクは、田舎で粗食に耐えていたのだと思う。

もうひとつは、偏食がなくなったことだ。だいたい、ボクは好き嫌いが人一倍激しい。ニンジン、ピーマン、タマネギなど、すべてが食べられない。肉もそうだ。鳥肉以外の肉を食べるとジンマシンが出る。だからボクは、せっかく自衛隊に入ったのだから、この偏食をなくそうと心に誓った。そして実行した。おかげで体重が急激に増えた。

それにしても自衛隊のメシは、マズイ。「カネのおわんに竹のハシ――」ならぬ、プラスチックのドンブリ茶わんでメシが出てくる。このメシたるや大釜で蒸気で炊いているせいか、パサパサしている。みそ汁をブッかけて食うぶんには何とか食えるが、そのままでは食えない。こういうマズイメシを食べていると、時々外出した時に食べる米のメシは、オカズなしで食べられる。

ここはオカズもひどい。確かに、一人一日三五〇〇カロリーというだけあって量だけはすごい。が、ほうれん草の炒め物のなかに、ボクは何度もウジ虫を発見した！

ところで、隊員は通常、食堂では「一膳メシ」が原則。が、時々、プロから転向してきた相撲取りが入隊してくる。となると、こういうわけにはいかない。ヤツらには特別に「二膳メシ」が与えられる。

このメシをボクは、ガマンして食う。食うほどに午後に座学などあれば、全員イネムリだ。

楽しみは月に何度かのＫＰ。このＫＰつまり皿洗いの当番だが、キッチン・ポリスということからこの名がついたらしい。これには役得がある。余ったものはなんでも、いくらでも食えるのだ。だからますます肥えてしまった。

が、この役得にありつけるには、関門があるのだ。ＫＰ勤務につく前には「棒検」を受けねばならない。「棒検」とは、検便のこと。冷たい棒をオシリに、ギュウとつっこまれる。野営の当番の時なども、これをやられる。

武山駐屯地の大食堂は広い。千人ぐらいの隊員が一度に押し寄せる。交付された食券を持って列をつくり並ぶ。長いこと待ってボクらは、メシにありつく。武山駐屯地には、少年工科学校の生徒もいる。通称では少年自衛官と言っているが、正式には自衛隊生徒だ。一五歳から入隊する童顔ばかり。ボクらと食堂は別だが、若い彼らには普通の食事以外に、特別に牛乳などがつく。これは増加食と言うのだそうだ。少年自衛官と空挺隊員、それにパイロットなどにもつくという。

ボクら一般隊員にこれが加わるのは、警衛勤務や災害派遣などの場合だけだ。が、これ以外にも休暇で外出する時に、代替食というものがつく。まあ、自衛隊は食物だけは、豊富。田舎で空腹に腹を抱えていた時もあったボクは、ここでメシだけは腹いっぱい食べることができた。

昔から、グンタイは貧乏人には天国と聞いたが、その理由がわかるというものだ。

●「連帯責任」という名のシゴキ

少年工科学校の生徒隊では、二〜三年前、渡河訓練で一三人が死んだと聞く。営内の池での訓練中にである。今はその碑が建っている。

少年自衛官たちの訓練は厳しいと聞くが、ボクも彼らの上級生たちのシゴキを目にしたことがある。規律も厳しいようだ。欠礼をした下級生を、その場で上級生が注意しているのを、時々見かける。が、シゴキは彼らだけではない。

ある日、ボクの営内班の者が五〜六分の帰隊遅延をした。外出の門限に少し遅れただけなのだ。ところが、班長と助教は営内班の全員の「連帯責任」として、ボクらを中庭のジャリの上に正座で二時間も座らせたのだ。ヒザにジャリがくいこむ。おまけに半長靴を履いたくるぶしがギリギリ痛む。足は完全にシビレてマヒする。三〇分ぐらいで横に倒れるヤツが出る。そうすると助教がこの倒れたヤツをけっとばし、また正座に戻す。この間、延々と説教が続く。

それだけではない。次の週は「連帯責任」として、ボクらの営内班は全員外出禁止と相なった。「連帯責任」というのは、思うに、これは団結を作るためと言いながら、上官連中の事故に対する「責任逃れ」だ。出世のために少しの事故やミスさえも恐れる。それを下に転嫁する。

「連帯責任」とい名のシゴキには、この教育期間、何度もボクらはみまわれる。「前支え」というヤツは、単に腕立てふせの格好で腕を立てているだけなのだが、一時間もやらされると倒れてしまう。腕立てふせも二〜三〇〇回もやらされる。そのほか、隊歌を歌いながらの駆け足、うさぎ飛び、何でもありだ。

しかし、肉体のシゴキもきついがそれ以上にきついのが、深夜、「非常呼集」の名目でやられるシゴキだ。夜中の二〜三時、一番熟睡した時にやる。営庭に集まり、人員点呼の後、隊歌演習、駆け足と続く。これを週に二〜三回もやられると午前中はフラフラ、午後はほとんどイネムリ。

これなど、上の方の公然とした承認でやられている。ここでは体力だけではもたない。強制に耐えぬく忍耐力が要求される。おそらく、それ以上に要求されているのが、忍従の精神、つまりは上命下服への慣れではないか。

ある暑い日の営庭。班長を囲んでの夕涼み。いつもキビシイ班長が、ボクらにシンミリとした唄を聞かせてくれた。『可愛いスーちゃん』の替え唄だ。

ここは横須賀武山の――
鬼の棲むような自衛隊
イヤな班長に怒鳴られて――
泣き泣き暮らす日の長さ

朝から照りつく日の下で――
戦闘教練各個教練
それをサボれば前支え――
オイラにゃシャバは禁物さ

故郷を遠く離れては――
面会人とてタマになし
もらった手紙のうれしさよ――
かわいいあの娘の筆の跡

●ポルノ写真も持てない私物点検

入隊日に、全部の私物品を実家に送り返されてしまったボクらは、官品以外の私物は、ほとんどない。だからスッカラピンというか、スッキリしている。営内でボクの私物といえば、パンツと洗面用具だけ。当時、ボクらは、トランジスターラジオやカメラなど、買う余裕はまったくない。

最初の給料でボクは、五千円ほど仕送りすることができた。初めて両親に親孝行をしたわけだ。シンペイのなかでも、相当数が仕送りしている。ボクらの、貧しかった時代。そういうわけで、最初にカメラを買ったときは、喜び勇んでアチコチ撮りまくった。

教育隊では、四六時中、営内点検が行われる。区隊長の点検、中隊長の点検、教育団長の点検と、点検ばかりだ。これも服装点検、私物点検、官品点検、営内点検とある。中隊長以上の点検となると、前日からハチの巣をつついたような大騒ぎをして、床や窓をピカピカに磨き上げ、点検を待つ。

この日、ボクらは営内班で、不動の姿勢（気お付け）で教育団長を迎える。団長は中隊長をはじめ、幹部七～八人を従えて入ってくる。静かに団長一行は歩いてきて、ボクの前でハタと立ちどまる。

「キミは、どこの出身か？」

「ハイ、根津二士、鹿児島出身であります」

「中隊長の要望事項は」

「ハイ、服装の厳正であります」

ボクは緊張して、答える。これで終わりと通り過ぎる団長にホッとしていると、今度はバーテンクンをつかまえる。

「班長、その私物のロッカーを開けろ」

班長がロッカーを開け、内部をかきまわす。すると持ち上げた封筒の間から、ポロリとなんとポルノ写真がこぼれ落ちる。

「これは何だ」。団長がバーテンクンに詰問するが、真っ赤な顔をした彼は、答えられない。

続いて団長は、他の隊員をつかまえて質問する。

「隊員の六大義務は」「防衛庁長官の名前は」

ボクらは、これらすべてを暗記させられている。

服務点検とは、諸規定の履行、服装の厳正、隊員の躾などを点検するという。ある時は、訓練や課業で不在の時に、私物のロッカーを開けて調べられるときもある。ボクらはここでは、すっぱだか。プライバシーは、まったくナイのだ。

●「精神教育」という反共教育

教育隊では、度々、精神教育の時間がある。区隊長、中隊長、時には教育団長も受け持つ。最初、「精神教育」というから、ボクは、てっきりボウさんのマネでもするのかと思った。精神統一のための座禅かなと。ボクらは世間から隔離され、頭まで丸められていたから、こう思ってもおかしくない。何人も勘違いするヤツがいた。が、実際の教育は座学での講義だった。

一番初めは「国旗、国歌に対する態度」。君が代の詩の説明を受ける。「日本の歴史と伝統」というのもある。古事記から第二次世界大戦までの歴史が話され、「日本人の優秀性」を説明する。

教育は、ほとんど中隊長が担当。旧軍あがりの中隊長は、精神教育の合間に中国大陸で

暴力革命
共産主義
神国ニッポン
美しい国
悪い外国
侵略

のセンソウの話をする。「毛沢東の指揮したアカのグンタイは、規律がすぐれていた」とか、「八路軍のゲリラ戦には、日本軍も手を焼いた」などなど。中隊長にとって旧軍での体験は、なつかしさ以上のものがある。センソウによる日本軍の敗北も、ぜんぜん堪《こた》えていない様子。

精神教育は三カ月間、ミッチリ。「内外情勢」「愛国心」「国防」。ボクが最も関心をもったのは、「民主主義と全体主義」の中の共産主義についての講義。中隊長はチャートを使って、民主主義と共産主義を対比してゆく。「一党独裁国家」や「暴力革命論」についての講義については、シッカリとメモをとる。

教育の中心は、共産主義におかれている。反自衛隊活動についても説明をうける。社会党や共産党などの野党の批判が主。「自衛隊工作について」の講義では、機密文書や部隊の秘密に関する注意がなされる。「外出や休暇時に、親しく話し掛けてくる者には、秘密保全の注意が必要だ。中には、各国のスパイや情報提供の民間人がいる」。

中隊長の話の結論は、「外出時の地域の反自衛隊情報などは、すぐ連絡せよ」ということでしめくくられる。

精神教育は、教育期間中、繰り返し行われた。しかし、そのほとんどの時間、ボクらの大半は、グッスリとイネムリをきめこんでいる。なかには、イビキをかいていているヤツもいる。中隊長などの熱心な教育にもかかわらず、シンペイには、まったくその中身は入っていないようだ。

●ノンビリ屋のうまい射撃

ボクらの同期生のほとんどは、普通科部隊への配属が予定されている。だから、普通科、つまり歩兵だが、この訓練が厳しく行われる。

地雷、ロケットランチャー(バズーカ砲)、重機関銃などだ。手榴弾の訓練もある。基本的な説明を受けた後、投てき姿勢訓練。訓練用の手榴弾で投げる姿勢、伏せる姿勢を練習する。

こうした訓練が佳境に達したころ、本格的な射撃訓練が始まる。最初の射撃は、二五メートルだったが、この後は、二〇〇メートルだ。

初夏の絶好の射撃日和。ボクらは射撃場へ向かう。ボクは射撃台に登ったとき少々、あがってしまう。班長におもいきり、鉄帽を叩かれる。タタいて覚えさせるのが、射撃の鉄則らしい。辺りは、もう、実弾の音で鳴り響いている。音は山々に轟然と反響する。

射撃は、実弾二三発のうち、九発が零点修正。これは三発射つたびに、弾痕を見て、照門を修正する。次に四発が寝撃ち、そして六発が限砂射ち、残りの四発が中間姿勢での射撃。限砂射ちは、人間の上半身を形づくった的を四秒間隔で射撃する。中間姿勢は、遊びのようなもので、風船をつけた的を狙う。

結果は、ボクの射撃成績は、最下位クラス。班長が言うには、射撃などはノンビリ屋がうまいそうだ。この後もボクは、何度の射撃訓練を受けても、なかなかうまくはならなかった。これには、まさしく天性がある。

射撃場では、タマが山を越えて、お百姓サンの尻に当たったこともあるそうだ。というのは、六四式小銃の射程距離は長く、最大で三千七〇〇メートルもあるからだ。

射撃の後の薬莢の回収では、ボクらは相当怒られてしまった。ボクを含む三人の薬莢が一個ずつ、見つからない。班長が言うには、薬莢の回収は厳命だそうだ。一個でもなくすワケにはいかないという。

こうして、ボクらは暗くなるまで何度も何度も、射撃場をハイズリ回った。アリの穴を探すように。が、最後の一個は、どうしても見つからない。班長が言うには、ヘタをすれば上の方を含めて、なんらかの処分があるということだ。

自衛隊は、薬莢一個まで大事にする！　ここが米軍と違うところ。しかし、これはどうも国民の血税を大事にしているのとは、異なるようだ。つまり、武器やタマの盗難や紛失を、上の方は重大な規律違反とみているということ。そして、これを引き起こした者は、一生、出世の道を閉ざされるというのだ。

●地連募集の大ウソ

この頃、同期のほとんどみんなが、自分たちは地連に騙されたと思い始めてきた。自衛隊なるものの実情が大部分、見え始めてきたのだ。

免許や資格をとれるだの、夜学へ通えるだのという地連の募集官が言っていたことは、ほとんど実現できないことがわかる。

たとえば、ボクの営内班の黒川クンは、大型特殊の免許がとれるということで入隊してきた。彼は、建設現場の作業員をしていて地連に引っ掛かった。ブルドーザーの免許が取りたいという。ところが、今回の新入隊員にはこの職種はない。普通科中隊が主だ。中隊に配属されてもその可能性はまったくない。大型特殊は、施設科に配属されねば取れない。

技術や資格もまったくダメだ。班長などが言うには、そもそも自衛隊の技術など民間では使いものにならないという。ボクたちの今回の職種、普通科では、せいぜい大型免許ぐらい。が、これも希望者が多すぎてマジメにやらねば推薦されないという。ボクもこの後、自衛隊のいう免許や資格のウソを思い知らされていく。

ボクの望んでいた夜学も、実際は難しい。中隊では演習が多いということだ。通学したとしても、何年かかって卒業できるのかわからない。ボクもこれにはガックリ。やっぱり、地連に騙された！

それにしても、自衛隊は宣伝が巧妙。ボクらは、座学で募集の意義まで教育された。一人ひとりが募集官たるべきと。縁故募集、つまり、休みで田舎へ帰った時などに、下級生などを一人募集してくれれば、五級賞詞、三人では四級賞詞が貰えるという。賞詞とは、特別賞詞から一級〜五級まである。一級はオリンピックなどで、金か銀メダルを取った時。

しかし、自分たちが騙されたと思っているのに、後輩などに入隊を勧めるワケがない。

前期の教育は、最後の検閲を終わってボクらは修了した。この後、後期教育を配属部隊で行うことになる。ボクは同期の者一三人と一緒に、東京の市ヶ谷駐屯地に行くことになった。営内班では元バーテンクンが一緒だ。

卒業式でボクはなんと、教育団団長賞を授与。二人もらったうちの一人だ。賞など、生まれてこのかたまったく縁のないボクがチョウダイするなんて、何という不思議。おそらく、体力を認められたのだろう。

賞詞といい、団長賞といっても、たかが紙切れ一枚だけだった。

第2章　営内班の中はドブ

●ゴネ得で市ケ谷駐屯地勤務

残暑もキビシイ八月下旬、ボクらは前期教育を終了し、武山から東京に異動することになった。この年は、とくに長くて暑い夏だ。

異動といっても、ボクらは簡単。ほとんどの荷物が衣のうの中にスッポリ入る。私物品は入隊の時、すべて実家に送り返されたからだ。まあ、独身者の特権というか、身軽な人生。

しかし、運命というべきか、可哀相なヤツもいた。後期の配属は即、部隊への配属を意味するのだが、命令でイヤイヤながら北海道へ飛ばされたヤツが何人もいたのだ。

自衛隊の配属は、通常、各地の部隊の充足の必要性によって決まる。これに若干は本人の希望も入れられる。ボクらの場合、小銃手の充足が中心だったから、大体は関東周辺が多かった。が、数人が、通信の職種に廻された。これがすべて北海道勤務ときたのだ。

ボクにも区隊長から「強力」な打診があった。通信の職種は「頭のいいヤツ」が必要だと言う。こうも言った。「人生、一度は遠く、北海道へ行ってみるのもいいもんだ」と。

が、ボクは秘かに、ある先輩から知恵を授かっていた。自衛隊というのは、とくに陸士は一度、部隊配属がなされたら、辞めるまで変わらないと。

また、北海道だけはヤメルようにとの忠告も受けた。つまり、北海道勤務は交代者が少ないから、長期になるというのだ。上の方は四〜五年で帰れると言うが、これは大ウソだと。

だから、ボクは区隊長の何度かの説得にかなり抵抗した。ボクには大義名分があった。夜間の大学に通学が出来るということで入隊してきたからだ。これには区隊長も最後には、ナットクせざるを得なかった。

ボクたちが後期教育で配属された、第三二普通科連隊の教育隊は、東京のど真ん中にある。あの有名な市ヶ谷駐屯地が、ここだ。外堀のすぐ横、国電市ヶ谷駅から歩いて五〜六分の距離。市ヶ谷台と言うだけあって、皇居を睨む高台にある。ボクも東京はまだまだ不案内だったから、大都会のど真ん中に、こんな大きな駐屯地があることにビックリしてしまった。

ここでボクは、約三カ月の後期教育を受けた。銃剣格闘から射撃まできっちりと教わった。終了後はボクの職種、つまり、自衛隊では特技（ＭＯＳ）というのだが、初級軽火器を付与された。が、小銃手としてのボクは、射撃は余りうまくない。

めでたく、後期の検閲も終わり、またまたここでもボクは、賞状一枚で副賞のない連隊長賞をチョウダイするハメになった。賞と名のつくものを貰ったのは、これで生まれて二度目だが、何故ボクにくれるのか、キツネにばかされたようだ。ただ、取柄といえば、体だけは人一倍丈夫だということ、親ゆずりのマジメさだけだと自分では思う。

いずれにしろ、こうも賞ばかり貰うと、自衛隊を辞めづらくなってしまう。前期終了までに六人、後期終了までに二人がすでに退職してしまっていたから、この頃、とくに強く感じてしまう。

［補足　市ヶ谷駐屯地の第三二普通科連隊は、市ヶ谷への防衛庁本庁の移転に伴い、一九九九年一二月、さいたま市の大宮駐屯地に移転。埼玉県全域の警備を担当］

●中隊長伝令という名の使役

この後、すぐに中隊に配属。ボクの配属先は第三二普通科連隊の第四中隊だ。ここの営内班の作りは、武山とそう変わりはない。

営内班を含めた中隊の建物は、駐屯地の左内門のすぐ側、大日本印刷という会社の近くにある。駐屯地の中でも最も高い所にあるから、東京の風情を眺めるには抜群。しかし、これは逆に、後で、日曜日に「足止め」を喰っている時には、悲しい想いに沈むことも知らされた。

中隊に配属されて、やはりビックリしたのは、営内班の上下関係がハッキリしていることだ。ボクはここでは一番下のシンペイ。ボクの営内班は、総員一四名で一士が二人いるが、後はすべて陸士長。シンペイの仕事は、毎朝、班長、室長のベッドとり、靴磨き、掃除から始まる。そして班員、つまり上官というか先輩たちのお茶くみ。次のシンペイが営内班にくるまで、ボクはこの仕事をやらされるハメになる。

他の中隊に配属された同期の隊員は、シャバではこんなことはありえないといつもボヤいていた。確かに、普通の会社ではない。おそらくこんなことは、大学などの運動部ぐらいだろう。

前期でも後期でも、「勤務成績優秀」と認定されたボクは、この後すぐに、中隊長伝令に任命された。中隊長は森田三佐。一般大学卒の幹部。大学は国学院という。

中隊長伝令というからには、重要な中隊の任務を遂行することになるとボクは、勇んで行った。ところが、ガックリ。ニンムは、悲惨だった。ボクの仕事は中隊長室の掃除に始まり、中隊長ドノの靴磨き、服のアイロンかけ、洗濯、そして、演習時には食事の世話と続く。いわば、ここでのボクのニンムは、中隊長ドノの身の回りのお世話をすることである。

これは、言うところの使役であり、戦前の「当番兵」だ。ただ、「当番兵」と違うのは、中隊長が帰宅した時までは世話をしないことだ。が、これでは現代のドレイではないかとボクは思った。確かに新隊員時代にも区隊長伝令、中隊長伝令というニンムがあった。が、これは短いこの教育期間だけだと思っていた。だか、伝令という名の使役は、アチコチにあった。

ボクは、入隊するとき、一旦、自分が仕事と決めたからには、全力でやると心に誓ってきた。そして、この結果、前期でも後期でも一生懸命やった。しかし、ボクの自衛隊というグンタイへの疑問は、この頃、フツフツと湧き始めてきた。

●連隊長、師団長は雲の上の人

前述のように、中隊のボクの営内班は、総員一四名。室長は三任期六年務める古参の陸士長。営内班長は、営内居住（独身）の三曹。これに、班付の若い陸曹、そして指導陸曹

中隊は家族?

（営外居住）がつく。

陸上自衛隊では、戦闘の基本単位は中隊だ。この中隊に戦闘では、小隊、班という指揮系列がある。ところが、営内班の「班」は、この戦闘単位の「班」とは違う。つまり、営内班は内務の指揮系列なのだ。これは陸曹、陸士が営内居住義務があるから作られているともいえるが、やはり、グンタイとしての内務重視である。兵士としての精神教育、鍛練だ。

だから営内班長は、内務では中隊長（階級は三佐クラス）に直結している。もっとも、この中隊長や中隊を牛耳っているエライおっさんがいる。これが「先任陸曹」で階級は准尉だ。

ボクらは教育隊でもここでも、常々言われる。

「中隊長はお父さん、先任はお母さん、班長はお兄さん」

この言い回しは旧軍からだそうだ。が、ボクのこれから長い自衛隊生活の中で、彼らを「家族」と思ったことは一度もない。中隊長は出世ばかりを考えている。先任は自分の好みで人事権をふるう。班長も何かといえば外出禁止だ。中隊では「家族生活」を強いることで、ボクらを何から何まで監視しようとする。

第三二普通科連隊は、第一から第四のナンバー中隊（小火器装備）と重迫中隊（重迫撃砲装備)、それに本部管理中隊からなっている。この連隊の上に第一師団があり、東部方面総監部があり、陸上幕僚監部がある。

ボクらヘイタイにとっては、連隊長や師団長は「雲の上の人」だ。いわんや、方面総監や陸幕長はそのまた上。一度、連隊長室の掃除に行った陸曹から聞いたことがある。部屋には赤いジュータンが敷いてあったと。連隊長には、ボクらヘイタイは「伝令」にもつけない!

いつも遠くから顔を眺めるだけ。しかし、毎日唱和させられる。「連隊長要望事項『第一に金銭管理の徹底。第二に火災の予防。第三に事故防止』」。

ボクら陸士と幹部は、フロも食堂も居室も娯楽室も全部別。幹部は外出証もいらない。全国のどこの部隊でも、自由に出入りできる。ヘイタイには地獄、ショウコウさんには天国。これが自衛隊の現実なのだ。

●自衛隊とラッパ

中隊配属後、しばらくたつとモス(MOS=特技)教育募集があった。対戦車無反動砲、無線、ラッパの三つのうちから選択できた。ボクは当然、戦車を一撃で破壊するという無反動砲を第一次志望にする。ところがある日、中隊の幹部に呼び出され、「お前、ラッパをやらないか」と言われた。

ちなみに、ボクは小・中学校を通じて、笛を吹いていたが吹く真似だけだ。曲を最後まで吹くことができたのは、「ドナ・ドナ」だけ。だから何か勘違いされていると思い、必死になってことわったわけだ。が、なりてがいないということで、ついに押しつけられるハメになった。ラッパ手は、中隊で四人、連隊では約二〇人いる。

そして、以後三カ月にわたって中隊を離れ、ラッパの特訓に専念することになる。だが、一カ月半たってもちゃんとした音がでない。才能の「さ」もない。ただし、ラッパの教官は、「キミは唇が分厚いので、きっとデカイ音がでる」と言って予言してくれる。これは偉大な予言だった。あとになって、「バリバリベー」という爆音を発するようになったのだ。ボクのラッパは、教官が顔をしかめる「殺人ラッパ」の異名をチョウダイすることになる。

連隊では、持久走大会や銃剣道大会など、季節に合わせていろいろな大会がある。ラッパの大会もそうだ。だから中隊長などは、ボクに大きな期待をかけていたらしい。が、これは過大というものだ。ボクのラッパはいつまでたっても、「ベーベー」と音階の定かで

ヘータイサンハ
カーワイソーダネー
マタネテ
ナクノカヨー

ない爆音を発するのみだ。

毎日、こうして厳しいラッパの訓練に明け暮れている様は、まるで甲子園を目指す高校球児のよう。時には唇が割れ、血がラッパから吹き出すこともある。まさに異様な熱気の中でラッパ教育は、クライマックスをむかえていく。

ただし、これがシャバへ出て何の役に立つのかと思う。旧軍出身者のノスタルジアをかきたてるぐらい。ともあれ、ボクはラッパ戦闘訓練を半日がかりで行い、無事に卒業試験をパスした。この訓練は、駐屯地の中を迷彩服を着て、背のうやテッパチ（鉄カブト）を装備し、ラッパを吹きながら駆けめぐる。そして最後は営庭の泥のなかに飛込み、ラッパで機銃掃射の音を出して終わる。営庭で「ババババ――」とラッパを吹くと、みんなが隊舎の窓を開けて応援してくれる。

これがすむと、連隊長の前で卒業ラッパを吹き、原中隊（所属隊）にもどり、駐屯地当直伝令勤務に就くことになる。つまり、毎日、日朝・日夕点呼などのラッパを吹くのだ。自衛隊の生活は、どこでもラッパに始まり、ラッパに終わる。

●貴様は、ラッパ様を見たか？

ボクとラッパの、その後の話もしておこう。

ラッパ手の「甲子園」と呼ばれる、師団ラッパ競技会というのがある。ボクは、この師団の競技会に志願した。同期生のバーテンクンと二人で。彼もボクと一緒にラッパのモスを受けてきた。

ボクらがこれに志願したのは、「野望」があった。というのは、この競技会のための三カ月の強化合宿要員に選ばれれば、「特外」がとれるというのだ。「特外」というのは特別外出のことであり、土曜、日曜に外泊できる。

現在は脱柵者続きで音をあげた上の方が、外出の「規制緩和」をしているが、当時は、二十、一士で外泊などもってのほかだ。だから、いい歳した若い者が門限一一時のシンデレラボーイ。おかげで、夜中にコンビニでアイスを買うことが、死ぬほどうらやましくなる。日曜に営内残留ともなれば、日がな一日、半長靴磨きをやるしかない。シンペイの半長靴はピカピカになる。

ともかく、ラッパ手の才能のほとんどないボクたちは、ラッパの教官に必死のお願い作戦に出た。

「俺やるっスよ。ラッパに命かけるっス」、「連隊のためなら唇がさけるまでラッパを吹きまくるっス」（バーテンクン）

もちろん、ボクも一枚かんだ。

「三二連隊を、師団一のラッパ連隊にしてみせますよ」

教官にはボクたちの下心は、見え見え。が、物好きなひとりを除いて、ほかからはただ一人の志願者も出ず、ボクと同期のバーテンクンは、まんまと強化合宿潜入に成功したのだ。

ラッパ教育隊では、先輩はうるさくない。ベッドはシングル（二段ベッドではない）という超破格の待遇。たちまちボクたちはハメをはずした。バーテンクンなど悪い遊びでも始めたのか、特外のあげくに帰隊遅延をして、外出ドメをくらう始末。

当然、合宿に来たからには一日中、ラッパ漬け。合言葉は「貴様はラッパ様を見たか？」だ。「ラッパ様」とはラッパの神様のこと。ここでもボクは、音はデカくなるだけだが音程はさっぱり。とにかくヘタなのだ。

地方の駐屯地にもよく遠征に行った。霞ヶ浦に行った時には、隊員クラブで悪酔いし、風呂場に石を投げこんだ。武山では、教官に「おまえら、ヘタだから貝でもとっていろ」と言われ、一日中、アサリやワタリガニを採って遊んでいた。

こうして、夢のような三カ月はまたたくまに過ぎ去る。ラッパ特訓の「効果」はテキメンだ。ラッパ教育隊にきたボクの同期は、ひとりを除いて全員、選手からおっこちた。バーテンクンなど、遊びぐせが甦ったのか、新宿方面に出撃したまま未帰隊となり、そのまま退職。後で聞いた話では、彼女がいたらしくて、その彼女から引き止められたらしい。やはり彼も自衛隊が向かなかったのか。

ボクはといえば、その後、自衛隊音楽祭に便乗して、武道館でラッパを吹くマネをやったり、駐屯地での日朝点呼の時、「殺人ラッパ」をやってしまった「起床爆音事件」など、恥じ多きラッパ人生を送るハメになった。もちろん、「ラッパ様」など、ついぞ見たことはない。

●「皇軍の伝統」を継承した内務班

上官の使役に驚いていたボクは、営内班のアチコチで「皇軍」(天皇の軍隊、戦前の軍隊はこう呼ばれた）と出会うことになる。今まで書いてきた、使役や連帯責任や間稽古だけではない。営内で使う言葉には「皇軍」が溢れていた。

ある日、班長から「エンカンを持ってこい」と言われる。が、ボクには何のことかさっぱりわからない。「エンカンがわからないのか、バカヤロウ！」と怒鳴りつけられる。タバコを吸っている班長を見て、ようやくこれが「煙缶」とわかる。

「ブッカンバへ行って、毛布を干せ」と言われる。どこに行くのかと思いきや、これは「物干場」のこと。

シャバのくせがなかなか治らないボクは、四六時中注意される。「またボクと言ったな、自衛隊では、自分のことは『自分』か『私』と言うんだ」。

M検のことも話してきたが、ここでは「私的制裁」もあれば、「員数合わせ」もある。「員数合わせ」というのは、支給された官品の定期点検で員数を合わせることだ。つまり、支給品が足りないと他から「盗ってこい」と言われるのだ。かくてボクらは点検の日には、この員数合わせのため、他の内務班を物色することにあいなる。

ボクより一年遅れて、田舎の同級生の津山クンが航空自衛隊に入隊した。そこでは営内班の隣ベッドの人のことを、「戦友」と呼ばせると言う。一般社会のことをシャバではなく、「地方」「地方人」とも言うらしい。航空自衛隊では、陸上自衛隊よりも「皇軍」が

ジャーセン
ジュージャン
カギョー
ピーエックス
タンカ
テッパチ
ハイポート
サンソーキョー
ユーカンプ
アイカンプ
ダイセツ
チンプン
カンプン
カンテキ
チカン?
ブッカンバ?
アタッチ
エンカン?
ネッパツ?
アマイ…?
甘い?
ワック
尼医?
あいまい!
シャゼン
バッカン
アンビ
フキョー
オーディー
モス
チュースケ
ナナヨン
ビーカンプ
タイフー
バームクーヘン

生きているようだ。もっとも、海上自衛隊ではこんな程度ではなく、もっと極端らしい。

ボクらが入った当時の自衛隊は、現在と違って旧軍出身者が多く残っていた。区隊長や中隊長以上では、相当の部分にいた。だから営内班だけではなく、教育も訓練もすべてが「皇軍」そのものだった。

が、「皇軍」は、ボクらがいた七〇年代半ばに、またしても徐々に復活してきた。「准尉」という階級の制定もこの時期だ。作業服は「戦闘服」に、作業帽は「戦闘帽」に、半長靴は「戦闘靴」に呼び方が変えられた。

自衛隊は旧軍からの悪しき伝統を継承してきたが、「皇軍」の復活も目前かも。

●一発五万円の暴力

巷では、イジメによる子どもたちの自殺が、メディアを賑わせている。教師への暴力を封じ込めると、子どもたち同士のイジメに向かい、イジメを封じ込めると、家庭内暴力に向かう。まさに「子どもたちの復讐」だと思う。世は悲惨な状況だ。

陰惨なイジメは、営内班の中でも後を絶たない。狙われるのは、行動がにぶい人だ。なんせ自衛隊は、「早メシ、早グソ」の世界だから、にぶい人はとてもついていけない。ネチネチと営内班でやられる。

が、行動が素早いからと言っても、イジメに合わないということはない。「欠礼」したり、何かと目立つヤツは「生意気だ」となってイジメられる。背が高く、目立つボクも何度かこの手にやられた。

ある日、ボクは、他の営内班の士長から「用事があるから来てくれ」という伝言をうけた。日頃、ほとんど面識のないこの士長が何の用だろうと、彼の営内班を訪ねた。

シンヘイのボクは大声で叫ぶ。

「入ります。根津二士は小山士長に用事があって参りました」

「聞こえない！　やり直し」

もう一度ボクは大声。先ほどよりも大きく叫ぶ。また「やり直し」の声。これを五〜六回も繰り返す。そしてようやく入室したと思ったら、数人に取り囲まれてネチネチとイジメが続く。

が、ボクのイジメはまだ軽いほう。鈍い人、読み書きのできない人、少し知的障害のある人などは、四六時中やられる。これで自殺した人の話も、聞いたことがある。

イジメと私的制裁は、営内班では共通している。シンペイや下っぱは、何かと機会があれば殴られる。宴会などで上官連中が、酒を呑んできた時は要注意。必ず誰かやられる。だが、この連中は殴り方がうまい。キズがつかないように殴るのだ。

もし、キズがついたり、殴られたものが上の方に上申したりすれば、警務隊が出てきて「一発五万円」の示談を勧める。つまり、一応ここでは、私的制裁や暴力は禁止されている、ことになっている。「なっている」だけで、実際は黙認だ。つまり、キズつけずにやれ！　というわけだ。

だから間稽古や訓練のときでも、イジメやセイサイがある。「連帯責任」の名のもとに、全員が重い六四式小銃を両手で抱え、前へ突き出し、一時間も同じ姿勢をとらされる。「腕立てふせ」を何百回やらされたり、「前支え」を一時間もやらされたり。「蝉の泣き声」もある。これは木にしがみつく格好で、長時間同じ姿勢をとらされることだ。

小銃を両手で長時間水平に支えさせられたり、深夜に毛布を被せ集団で殴るなどの私的制裁、これらは、すべてが皇軍ゆずりだそうだ。皇軍でもタテマエは、私的制裁は禁止だった、だからキズつかない方法が、編みだされたというわけだ。しかし、これは「公的制裁」ではないか？

●警務隊はケンペイ

警務隊の話が出てきたが、警務隊とはそんな穏やかなところではない。警務隊は自衛隊の警察、昔で言えば憲兵ということになる。市ヶ谷駐屯地に一〇人前後いるが、連隊長も恐がる存在。なぜなら、警務隊は防衛庁長官の直轄の指揮の下にあるから。

警務隊の仕事は、もっぱら隊内の暴力事件の処理。それに盗難事件の処理。これもけっこう多い。

なんせ、暮れ正月前のボーナスが支給される時期は、必ず盗難が発生する。盗られたヤツが班長や中隊長のもとへ申告に行くと、「とられるヤツが悪い」ということになる。中隊長なども経歴にキズがつくことを恐れて、警務隊をあまり呼ばない。が、盗まれた額が大きくなるとそうはいかない。

ある時、隣の営内班の二士のひとりが、六〇万円盗られたと言ってきた。営内班の自分の本の中のページごとに、札を入れていたという。金額が多かったから中隊長は、警務隊に通報した。警務隊は直ちに飛んできて、取り調べに当たる。正月休暇はこれで全員フッとんだ。一週間、取り調べが続いたからだ。

が、この時は、犯人は見つからなかった。後で例の二士の自作自演というウワサが流れたが、警務隊が犯人を見つけだせなかったことが、理由ではなさそうだ。

営内班では、盗難が発生しても、「上には言うな」ということになる。休暇がフッとぶからだ。盗られたヤツは、睨まれる。だから盗難は頻繁に起こることになる。

もう一つボクが不思議に思うのは、隊内で大きな事件があっても、ほとんど世間には出ないことだ。これは内部の不祥事として、警務隊がモミ消しをやっているということだろう。暴力事件では、重傷者が出たこともある。放火もあった。

自衛隊には営倉（旧軍内の簡易な監獄）がない。これは旧軍と違うところだ。したがって、事件を起こすと行政処分が待っている。重いヤツは首となる。

●貯金がたまるというウソ

それにしても営内班の生活は退屈。毎日毎日、ほとんど二四時間、班員が顔をつき合わせている。「同じ釜のメシを食う仲」もウンザリ。それに課業も退屈そのもの。たまの行事や訓練、演習を除き、雑用ばかりの毎日が続く。

とくにシンペイは雑用ばかりだ。使役だけではない。営内の掃除、ゴミの焼却、営庭や訓練場の草刈り、フロ掃除、ＫＰ。それに月に何度かの警衛勤務、弾薬庫歩哨、当直勤務、消防勤務、不寝番と続く。まともな仕事を何日しているのか、自分でも疑問になってくる。

こうして古参隊員に交じって、ボクらも、隊内クラブ通いとあいなる。隊内クラブとは、駐屯地に一ヵ所あり、唯一公然と酒が呑める民間の業者経営による酒場で、隊内では女性がいる数少ない所。実際は、ヤミで営内班でも呑んでいるが、ここはなんせイロけもなにもない。だからみんなクラブへ行く。クラブ通いをしていると、給料日前にサイフはピーピー。

ある時、連隊長が朝の朝礼でボクらをヤユした。「立てばパチンコ、座ればマージャン、歩く姿は馬券買い」だとか。が、ボクらは連隊長に言いたい。こんな姿に誰がしたのかと。だが、高じると連隊長が言うように、サラ金通いとなる。営内班のなかには、数百万円もサラ金から借りて、永久外出禁止になっている者もいる。これはいい方の部類。ひどいのは利子だけで、月数十万円にもなり、結局、退職金で清算していった者もいる。営内班の中はサラ金地獄そのもの。

地連のオッサンは「自衛隊は貯金がたまる」と宣伝しているが、これは完全なウソ。確かに衣食住はタダだが、みんな金遣いが派手になってしまう。中には、貯金が趣味というのもいることはいる。

こういうストレスを発散させるために、中隊では年から年中、各種競技や行事を行っている。多いのが酒飲み会。中隊旅行に忘年会、異動時期の歓迎・送迎会、満期退職者の送別会、競技会のうちあげ会。つまりが「雨が降れば宴会、雪が降れば宴会」だ。これで月四〜五回、一回七〜八千円もとられれば、貯金が貯まるワケがない。

●草刈り戦線異状なし

一〇月頃、自衛隊観閲式の式場整備の草刈りで、初めて朝霞駐屯地に行く。観閲式予定地の訓練場は、だだっ広い米軍住宅地跡。およそ二週間におよぶ大作業だ。跡地の打ちっぱなしのコンクリートの上に、木のように太い雑草がジャングルのように、生い茂っている。

自衛隊は、すべてが杓子定規で定められている。雑草を「五ミリ以下にせよ」という命令が下されれば、それに従わねばならない。

まず、強力な伐採器でジャングルを切り開く。ツタが絡まってたちまちブッ壊れる。後に補給係になったとき、さんざん伐採器の世話をやいた。最初はピカピカだったが、最後はしなびたサンマのようになっている。

それでも、最初の頃はまだまだ楽しくやっておれる。たくさんの虫が伐採器に追い立てられて逃げまどう。タヌキが現れることもある。巨大な雑草にファイトを燃やし、雑草ごと背後にいる人まで切り付けてしまう。これで毎年、一人か二人は病院送りになってしまう。

トラックは、何台分もの草や木をかき集めて捨てにいく。ボクらの受け持った地域は、荒涼としている。が、ここからが地獄。「検閲官」の腕章を巻いた師団の連中がやってきて、すべてをブチ壊す。この連中は何でもやり直させないと気がすまない。とにかく五ミリ以下が厳命。もはや、地面を削りとらねばならぬ。

バキャーンという音がとびだす。伐採器がコンクリートにぶつかって跳ね上がる。刃はボロボロになる。二〜三時間で切れなくなってしまう。

ここから人海戦術の始まり。手に手にカマを持ち、横一線に並んで進む。刈り残しのヒョロヒョロ伸びた草を、一本一本ていねいに刈り取ってゆく。それでも、検閲官は難癖をつける。二週間、めいっぱい働かせようという魂胆なのだ。草一本の刈り残しがあっただけで、もう一度全体がやり直しというわけだ。

みんなは疲れはてる。もはや、何がおきてもニヒルな笑いをうかべ、鼻を鳴らすのが精一杯。自衛隊のあり様が骨身にしみてくる。唯一の楽しみは、登下校する女子高生を眺めることぐらいだ。手をふるヤツもいる。もちろん大ウケ。

こうして、メデタイ自衛隊の中央観閲式が始まる。

●婦人自衛官のウラ話

ボクが入隊したての頃は、隊内で女性といえば、PX（売店）と隊員クラブ、それに時々堂々と営内班にまで押し掛けてくる、保険勧誘のオバサンたちだけだった。ところが七〇年代の半ば頃から、わが連隊にも女性軍団が登場しはじめたのだ。

市ヶ谷駐屯地には、隊内の弾薬庫のすぐ上、通信タワーの下の近くに婦人自衛官、通称WAC（Women's Army Corps）の隊舎ができた。今では、一五〇〜二〇〇人のWACがここに住んでいる。

彼女たちが入隊した頃は、それはそれは大変だった。営内班のヤツの中には、人のイヤがるゴミの焼却を買って出て、彼女たちの出すゴミを物色するのもいた。その結果、彼女たちは、ゴミをだすのもイヤがった。

当初の頃、ボクらが演習から帰ると、WAC隊舎には回報が流れる。「連隊には近づくな！」。目がギラついた男たちに、恐れをなしたのだ。

WAC隊舎の管理は厳重。隊舎には、カギが掛かるようになっている。夜、一二時以降は立入厳禁。

ある日、ボクは光栄にも彼女たちの隊舎に入る機会に恵まれた！ 勤務に就いていたときだ。隊舎の電球が切れたので、取り替えに来てほしいとのこと。ボクは勇んで赴いた。なんと、そこにはパジャマやネグリジュ姿の女性が、ウヨウヨ歩いている！ 驚いたのは決してスケベ心からではないのだ。

ボクらは自衛隊では、パジャマは厳禁と言われていた。シャバくさいということなのか理由はわからない。ただ言えるのは、日朝点呼に駆けつけるのに、パジャマなど着ているとジャマくさいということだ。だからボクは、いつもパンツ一枚で寝ている。しかし、彼女たちは、堂々と着ている。男子隊員と違うのは、彼女たちにはスリップやショーツまでもが、支給されるということだ。もっともこの支給品があまりにもダサイので、ほとんどが実際は着てないという。ウワサによれば彼女たちには、ブラジャーまで官品で支給される？　が、これはあくまでウワサ。

今では彼女たちは、連隊事務室にも勤務しているし、表門の警衛所にも勤務している。自衛隊もシャバと同じく、「男女平等」になったという。近ごろでは女性パイロットも誕生した。だが、この「男女平等」は、「戦闘（戦争）参加の自由」に行き着いたときに矛盾をきたす。

湾岸戦争の時に、アメリカの女性兵士が主張し実行された、女性を戦闘機のパイロットにすることなど、「男女平等」とは思えない。それは女性の深夜労働を許容する「男女雇用機会均等法」と同じ発想だ。

ところで、「人のイヤがる自衛隊」に、何故彼女たちは入ってくるのか。理由はさまざまだろう。気になるのは、彼女たちの三分の二は、自衛隊員の二世だということだ。が、もう一つの彼女たちの効用は、ゲイが営内で少なくなったことだろう。もともとウワサされるようには、自衛隊にはそんなにゲイはいない。せいぜい、中隊に一人か二人ぐらいだろう。それもほとんど知られていない。

だから米軍のように、ゲイの除隊（処分）が問題化することもない。いずれにしろ、自衛隊も社会の縮図、いろいろな人がいるし、それで良いと思う。

［補足　婦人自衛官という名称は、二〇〇四年度から女性自衛官に変更された］

●意見具申を批判と受けとる上官

中隊配属以来、「伝令」などで、お茶くみから靴磨き、ベッドとりまでコキ使われてきたボクも、この頃、いささか反抗したくなってきた。とどのつまり、マジメにやればやるほど上の連中は、いいようにボクらをコキ使う。

ある時、陸士会同というのが開かれるのを聞いた。娯楽室で開かれたその会同には、中隊のほぼ全員の陸士が参加。専任陸曹以外の上官はいない。古参の陸士長が、司会役。最初はいつもどおりの進行のようで、中隊旅行の行先や会費などを話している。これらが終わったところで、司会から、他に何かないか？　という話になった。

そこでボクは、サッと手を挙げて、「室長や班長の靴磨き、ベッドとりなどの雑用で陸士は休む暇もない。これは自衛隊が禁じている使役だろうから、ヤメたらどうか」と声をあげた。一瞬、古参の陸士長たちは、アッケにとられたようだ。シンペイたちは、ニヤニヤしている。

が、気を取り直したのか、古参格の陸士長の一人が立った。「自分らもシンペイの時は同じことをやってきたんだから、おまえらがやるのも当然だ」。

ボクは、これに反論。理をつくして、先輩たちの考えのマチガイを話す。我ながら説得力があると思う。

ところが、話が激しい議論になると見たのか、専任がスクッと立ち上がり、オサメにまわった。

この日の陸士会同は、これで終わることになった。が、ボクは、この日から自分の言葉を実行に移すことにした。お茶くみはもちろん、靴磨きやベッドとりもやらない。先輩たちの雑用も拒否。部屋では彼らはイヤな顔をしているが、なんの文句も言わない。言うべき言葉がナイのだ。

だが、報復は待ち構えていた。その翌週からボクの特別勤務は二倍ほどに増えた。外出も制限された。班長がハンコを押さないかぎり、ボクら陸士は外出はできない仕組みになっている。

現実に困ってしまったボクは、いろいろ考えて中隊長のところに申し出ることにした。ある日、ボクは初めて中隊長室を訪ねる。ここでこの間の陸士会同での出来事、それ以降の部屋での対応について、とくとく話した。すべてを聞き終わった中隊長は、「おまえ、これは、意見具申か」と聞く。

「それが必要でしたら、そうします」とボク。

「正式の意見具申なら、みんなにもっと睨まれるぞ」と彼はおどかす。

結局、ボクの意見具申は、受理されないことになった。中隊長は、身内から意見具申などというものが出てきたら困るのだ。管理能力が問われると思っている。顔にはそれがアリアリ。

意見具申は、隊内の規則で正式に認められている。自分が正しいと思ったことは、「指揮系列を通して」上に申し立てることができる。しかし、実際は、上は常にこれを差し止めてしまう。なぜなら、彼らは意見具申を行うのは、自分たちへの反抗と思っているからだ。ところが最近、意見具申を行う隊員もチラホラ出てきたようだ。これはいい傾向だと思う。

●「恒久平和」に驚く幹部

ボクは、小、中学校の時代、交通安全週間などで、よくポスターや標語を書かされていた。自衛隊も学校と同じで、こういうポスターや標語を書かせる。交通安全、火災予防、秘密保全――。

そんなとき、ボクは半分遊び心で、一風変わった「作品」を提出していた。火災予防のポスターでは、真っ赤に燃えさかる地球の絵を画面の真ん中に配し、「ノー・ニュークス」（反核・反原発の意味）と表題をつけた。この副題には「地球が滅びる前に」と書き、提出した。

このポスターは、駐屯地の食堂に張り出され、数千の隊員の目にさらされていたが、なんの反応もない。

また、ある時は、秘密保全のポスターで、画面中央の人のまわりに、無数の「疑心暗鬼」という鬼がただよっている絵を描き、「人を見たらスパイと思え」と表題をつけて提出してみた。

このポスターは「なかなか、よく描けているじゃないか」とほめられてしまった。

ボクとしては、多少の波風を立ててみようと思って描いたものだが、隊内での鈍感さには、いささか拍子抜けしてしまう。そんな中で一度だけ、上の方が激しく反応したことがある。

正月明けの中隊での、「新年書き初め大会」での出来事だ。ボクはこれに「恒久平和」という文字を書いて提出した。が、朝、中隊の廊下に張り出された数十点の作品は、その日の夕方には、すべて撤去されてしまった。そして、ボクは中隊長から呼び出しをうけた。「恒久平和はよろしくない。場合によっては、自衛隊法六一条の政治的行為の制限にあたる」と中隊長は言う。

ボクはガクゼンときてしまった。「恒久平和」というコトバは、当然、自衛隊と対立するものではないと考えていた。ボクは中隊長に、何度も問い返した。しかし、彼は譲らない。彼は「平和」というコトバが嫌いなように見えた。

「反核」や「反原発」をも否定しなかった？　彼らがこのコトバだけ、こうも激甚に対応するのは、フシギに思えた。

ボクが考えたのは、つまり、彼らは彼らの意識や知識の水準においてのみ、反応する、ということだった。ボクも今後、心得ておこう。

●三島由紀夫の亡霊

市ケ谷台に「三島由紀夫の首」が飛ぶ。こんなウワサがたったことがある。もっとも、大都会のど真ん中にあるこの駐屯地は、ネオンの発光するその熱と光で「幽霊」もさぞ艶《なまめ》かしいかもしれない。

自衛隊では、地方に行くほどこの手のウワサはまわりの景色に左右され、真実味をおびてくる。駐屯地の人っ子ひとりいない外柵沿いを、深夜、犬の遠ぼえを聞きながら警衛勤務につけば、ウワサは増幅される。やおら桜の樹の近くの古ぼけた記念館などを通るときに。記念館には、センシした兵士の血染めの遺品が置かれている。

駐屯地ではボクたちは、月に数回の特別勤務に就く。警衛、当直、弾薬庫警備。このうち、警衛勤務というのが駐屯地の警備を受けもつ。昼間は各通用門の出入りを監視し、夜間は駐屯地の外柵沿いの点検（動哨）。これに当直勤務者の巡察が加わる。夜間（午後六時以降）は、誰かが一時間毎に駐屯地内を回っている。

数年前に、ある駐屯地の奥深くにある「水道小屋」を燃やしたゲリラがあった。その手際のあっぱれさに、当局も舌を巻いたのか「失態」を公表できない。

警衛の動哨任務の規則の中に、「動哨経路より三〇メートル以上離れてはならない」とある。シンペイがフラフラ動くことを禁止しているのだろう。が、これはボクらの恐いもの見たさの好奇心を、すべてはぎ取るばかりではない。何事にも無関心の風潮を蔓延させてゆく。そしてひたすら、ボクらは暗闇を一人でテクテク歩くだけ。

ボクらを頼りなく見ている警衛司令（警衛の責任者）や分哨長（分散している警衛の詰

義のために共に起《た》って
共に死ぬのだ!!
うう〜〜……
決まった!
このポーズ…
おまいらも
俺のこの
文学的な
美しいコトバを
噛みしめて
聞け!
いい気になるな〜〜
何様のつもりだ!
勝手に道連れにするな!
オレ達はお前のオモチャじゃない!
金持ちの貴族に何がわかる!
高いトコロからエラソーに見下すな!
降りて来い〜〜!!

所の長）は、ただ、ボクらが一時間の勤務を終え、無事、哨所（詰所）に帰ってくるのを心待ちにしている。「異状なし！」、これが最大の至福。事なかれ主義は、上から下へ受け継がれてゆく。哨所でのよもやま話は、ネオン街一帯のウワサへと流れていく。

夜な夜な市ケ谷台のバルコニーを飛び回る「三島由紀夫の首」のウワサは、三島の演説への嘲笑と同様、誰も口にしなくなった。

●正当防衛で撃てる弾薬庫歩哨

自衛隊駐屯地の門前を警備している歩哨は、ズッシリとした小銃を抱えている。たいていの民間人はアレを見て、隊員はいつでも小銃を撃てそうだと思っている。いかにも、彼らはイゲンがありそう。

が、ヤツらは空砲どころか、弾倉さえも持たされない。つまり、アレは典型的な見かけダオシ。もっとも、警衛所には一応、弾薬は保管されているから、まあ、いつでも小銃にタマは、装填できるようにはなっている。

ところが、こういう見かけダオシの多い自衛隊の中で、ただの一カ所、見かけダオシではない所がある。弾薬庫警備の歩哨だ。ここの歩哨はいつでも弾倉に、タマを五発持たされている。

駐屯地の弾薬庫警備の歩哨も同じ。ボクも何度もこの歩哨に就いたことがある。さすがに当初は、実弾を携行しているというだけで緊張する。ひとりで勤務しているから、イザとなったら、自分の判断と責任で発砲することになる。

センソウではない平時に通常、ボクらがテッポウを人に向かって撃てるのは、自分の身がアブナイ正当防衛の時だけ。もっとも、アブナイからといって人を撃ってしまったら、クビどころの話ではなくなる。が、ここの弾薬庫警備の歩哨だけは違っている。

つまり、弾薬庫警備の歩哨は、「武器防護のための武器使用」という強い権限を与えられている。ここで言う「武器防護」は、弾薬や燃料、通信施設など、広い範囲になる。これらを守るためには、歩哨は個人の判断でタマを発射してもよいわけだ。

もっとも、歩哨勤務のなかでも緊張しているのは、最初だけ。何年もたってくると、ルーズになるのは世のツネだ。ボクも夜中にここで勤務していると、よくアルコールの差し入れを受けた。もちろん、コッソリと呑むわけだ。ここでもし、見つかれば処分はまぬがれない。

まあ、こういうことはわが駐屯地では大いにあること。ボクの先輩など、左内門の警衛勤務に就いていて、隊員クラブの冷蔵庫からビールをカポカポ取り出して、警衛勤務中のみんなに振る舞っていた。これはクラブの冷蔵庫が、ボクらの動哨経路にあるからいけナイのだ！

ひと頃あった不審番勤務。アレはとくに評判が悪かった。最近の若い隊員などは不審番といってもわからないだろう。これは消灯後から起床までの八時間、一時間だけ勤務につき営内班を廻って歩く。午後一〇時からが一直で、一一時からが二直と言う。一直や午前五時からの八直は、比較的楽である。自分が寝る前に勤務についたり、早起きで勤務につくことができるからだ。もう深夜の不審番などにつくと、翌日は寝不足でもたない。もっとも、二直や三直という午後一一時、一二時からの勤務も同じ。寝たとおもったら、起きて勤務なのだ。

不審番というのは、火災などの事故防止が任務と言われたが、実際はもっぱら盗難防止が仕事。が、不審番について窃盗するヤツは結構いたもんだ。なんせ、夜中にたったひとりしか起きていないのだから、盗りたくもなるというもんだ（立哨一人、動哨一人の二人勤務）。おそらく、上が不審番を無くしたのは、不審番に就いてモノをとるヤツが多すぎたからかも？

●駐屯地の中の将校ドノ

市ヶ谷台のバルコニー。極東軍事裁判が行われたこの白亜の建物は、通称一号館という。今でもここで語りぐさになっていることがある。三島由紀夫がこのバルコニーでクーデターを呼び掛けたとき、隊員たちが彼に大きなヤジを浴びせたことだ。この気持ちはボクも同じ。これは政治的なことではない。グンタイというこの退屈な、ドロくさい仕事を三島のような「貴族」にわかるわけはないという感情だ。

このバルコニーのある一号館の地下には、喫茶室やクリーニング屋、散髪屋、ＰＸがひしめきあっている。駐屯地では屋内での敬礼は省略できる。ここには星の数ほどの幹部がいるが、肩に階級章をつけた幹部を唯一無視できるのでボクらはうれしい。

駐屯地の図書室は、この地下の売店と並んでいる。昼メシを食った幹部がつまようじを口に、ブラリと訪ねてくる。彼らが選ぶのはケバケバしいポルノで、表紙を裏返しにして読むほどのものだ。おそらく通勤電車の中で読むのだろう（いや、課業中かもしれない！）。ボクはその品性に「感激！」した。

幹部は日頃、ボクらシンペイに規律ばかりを口をすっぱくして言う。「将校」としての威厳を保とうとする。その彼らの、タテマエとホンネがここでチラッと見える。

ボクは、ここにしばらく臨時勤務することになった。図書室の管理は、駐屯地の厚生課が受け持つ。期別（三カ月）の予算で、好きな本を自由に買える特権をボクは得た。こうしてボクは、これでもかとその幹部たちのしなびた欲望にあう本を買いそろえた。下品な感性を嘲笑してみせたわけだ。

ある日、図書室のすみっこにホコリと虫食い状態の『ドキュメント現代史』（平凡社刊）をみつけた。付近には、自衛隊には好ましくない左翼本も置いてある。貸出票もこれまたホコリだらけ。

一体、誰がこれを購入したのだろう。ボクの疑問はふくらんでゆく。聞くところによると、図書係は各中隊の持ち回りだったとか。

ボクの勤務期間中、『ドキュメント現代史・ロシア革命』を借りたのは、知り合いの幹部ただひとり。『戦争と人間』（五味川純平著）のなくなったバックナンバーを、新品ごと贈呈してくれた幹部もいた。が、こんな幹部はごくわずかしか見かけない。

市ケ谷では、陸士の多くが夜学へ通っている。陸士の向学心と比べて、幹部の知性のなんと低いことか。

［補足　防衛庁の市ケ谷駐屯地移転に伴い、この一号館の建物は壊されたが、この白亜の建物は保存されている］

●ウヨクには務まらないグンタイ

ある時に、わが連隊長は朝の訓示で言った。「市ケ谷駐屯地は、首都中枢に位置しており、政治の影響をモロに受ける。したがって、駐屯地内にはサヨクもいればウヨクもいる。しかし、君らは彼らのこの影響を受けないように！」。この連隊長は坪井一佐だったように思う。

確かに、ここにはサヨクもいればウヨクもいる。駐屯地には、時々、学生のデモも押し掛ける。全国の自衛隊の中にあって、ここはどこよりも政治の影響を強く受けている。三島由紀夫の影響を受けているウヨクもいる。彼らは「英霊を讃える会」と名乗っている。四中隊の三曹が一人と、他の中隊の陸士が一人。二人はいつも礼装をして、連れ立って外出してゆく。彼らの後をつけていった者によると、行き先は靖国神社だ。が、営内で完全に浮き上がっていた彼らは、ほどなく辞めていった。

勝共連合に入っている隊員もいる。他の中隊を含む三人の陸曹だ。彼らもしばらくして、辞めてしまう。この勝共連合の三人は、退職した後、ケニヤへ義勇軍として赴いたという。政治的危惧を感じたのか、自衛隊では退職した後も、この三人を徹底的に追っていって、彼らがケニヤから逃げ帰ったことも確認されているという。

こういう組織だった行動でなくても、新隊員の中には、時々、ウヨクと名乗る隊員が入ってくる。しかし、彼らは大体が一年ももたない。もちろん、これはウヨクに対して上の方が、何らかのダンアツをしているワケではない。ダンアツどころか、上はウヨクをひいきにさえしているというべきか。

やはり、グンタイというドロ臭い現実は、観念で生きているウヨクには、ハダに合わないらしい。三島由紀夫が浮き上がってしまったのも同様だ。グンタイというのは、ひたすら、ニンタイというのが、ボクの実感になっている。

もっとも、これはサヨクも同じ。観念サヨクは、まあ、ウヨクよりも少しはマシというか、持って満期までの二年。長くは続かない。

ボクもそうだが、ふだん隊員たちは、ウヨクにもサヨクにも反発している。これはどちらかというと、政治的というよりは生活感の違いによるものだ。自分たちの毎日毎日の汗まみれ、ドロまみれの生活と、彼らの「カッコよさ」だけを求めているような生活との違い。ここのミゾは深い。隔離された生活の中で、ますますそれは広がってゆく。が、ボクらは「軍服を着た農民」だ。サヨクやウヨクだけでなく、「コエ太った連中」に、最も反発せざるを得ない。

●市ケ谷駐屯地雑感

市ケ谷には、一号館以外にも「歴史的建造物」がある。大本営跡だ。地下の大きなトンネル様の穴は、今でも不気味な雰囲気がある。もっとも、これは敗戦が早すぎて使われなかったという。

ここには、戦前は陸軍士官学校もあった。そして今では、陸上自衛隊の幹部学校をはじめ、陸海空の重要機関が置かれている。

それを反映しているせいか、駐屯地内ではさまざまなサークルがある。自衛隊らしく剣道部、空手部、柔道部がもっとも活発。茶道、絵画、習字、生花、写真、コーラスなどの文化部もある。もっとも、らしいのは詩吟部。時々大きなウナリ声が響いてくる。

が、これらのサークルは、もっぱらフツウカ以外の隊員の集まり。ボクらフツウカ部隊は、特別勤務や演習に追われて、サークル活動どころではない。まあ、ニクタイでホウシするボクらは、文化系サークルには似合わない。訓練でヘトヘトで、いまさらスポーツをやる気力もわかない。

時代を反映してか、隊内でも機関紙はいくつか出ている。連隊の機関紙は『市ヶ谷』、東部方面隊の機関紙は『あずま』。自衛隊全体では『朝雲』。アサグモはウソグモとも隊員らから、からかわれている。つまり、これらはすべて御用新聞だが、アサグモが一番御用記事が多い。

ここから、歩いて十数分も行けば、靖国神社がある。後期教育では、区隊長に引率されてお参りなるものをさせられた。もっとも、中隊に配属されてからも、正月の日朝点呼で物好きの幹部に、「靖国神社に向かって敬礼！」とやられもした。

物好きといえば、今も時々、こういう時代錯誤の幹部が残っている。ある時は、中隊の先任が営内班の廊下に「軍人勅諭」を貼りだし、ボクらにこの暗記を命じたこともある。二月一一日の「紀元節」（建国記念日）に休みを返上させて、祝賀会を開いた連隊長もいたと聞く。これは、旧軍への懐古趣味と言うべきか？

第3章　駐屯地の外はテンゴク

●「税金ドロボー」と罵られた制服外出

市ヶ谷駐屯地は、シンペイでも私服の外出が許されている。これにはボクらは本当に大喜び。あの制服外出の難儀さは、体験した者でないとわからない。

教育隊では、ボクは悪戦苦闘した。ここでは最初の日にボクらは、私物品のすべてを実家に送られてしまった。だから制服以外の服はないわけだ。しかし、制服ではどこへも行けない。したがって、私服を秘密で買い求めて、これに着替えるわけだ。これが一苦労。駅のトイレで着替えたり、公園で着替えたり。制服のズボンの下に私服のズボンを重ね着したこともある。もちろん、営内では私服をどこかに隠すのだ。

こんな苦労をしてまでボクが私服外出にこだわったのは、あの体験だ。暑い夏の日だった。外出前に当直幹部から「横須賀中央駅に近い、中央公園の方には近づかないように」と注意を受けた。ここで集会とデモがあるという。ボクはその日、横浜の兄貴の家に寄って、大急ぎで京浜急行の横須賀中央駅へ帰ってきた。

ところが、横須賀中央駅を降りて駅の裏手でちょっとした買物をしていると、旗ザオをも

った十数人の集団に出くわす。制服のボクは何気なく彼らとすれ違う。その時「税金ドロボーが歩いている！」という叫び声が挙がった。大きな叫び声だ。そのように聞こえた。ボクは一瞬振り向いたが、早足で去った。緊張で汗がビッシリ。顔が真っ赤になっているのが自分でもわかる。

「税金ドロボー」。何というイヤナ言葉。後からボクはひどく腹がたってきた。この言葉を入隊前に聞いたことはある。サヨクの人々が自衛隊に投げつけている言葉だ。しかし、まさかボクにこれが投げつけられるとは！

これ以後、ボクは制服外出が本当にイヤになってしまった。二度と街で制服を着て歩きたくない！

もうひとつ後悔したのは、当直幹部の注意をウワの空で聞いていたことだ。当直は確かに、デモの解散地点に近づくことをも禁止した。これはボクの失敗だ。

自衛隊では、外出の禁止区域というのがある。「立入禁止区域」と「立入遠慮区域」だ。横須賀では、風紀・治安が悪いと思われている、あの通称ドブ板通りが禁止区域。集会などを行っているところが遠慮区域。ここでは、特別勤務の営外巡察隊が警戒している。米軍は制服のＭＰが回っているが、自衛隊は私服で行っている。

この禁止区域や遠慮区域には、地方の部隊では被差別部落や在日朝鮮人の居住地が入っているという。

この他に外出制限区域というのもある。普通外出だと教育隊では、帰隊遅延を心配して関東圏がその範囲になる。

●シンペイは「カゴの鳥」

ボクらシンペイにとって何よりの楽しみは、土曜、日曜の外出。営内での規律にがんじがらめにされているボクらには、柵の外に出るだけで解放感が湧いてくる。自由ということが、こんなにすばらしいと感じたことはない。

自衛隊では、営内居住義務を課せられている陸士は、駐屯地の柵をただの一歩、出るだけでも、上官の許可がいる。つまり、外出は許可制。班長、先任、中隊長と印鑑を捺してもらう。そして、当直から外出証をもらってやっと出る。これが大変なのだ。班長の機嫌をそこねてしまったら、その週のボクらの外出は、もうオジャン。

規則では、三分の一の待機要員（災害出動などのための営内待機）を除いて、土、日は外出ができるようになっている。しかし、実際は営内班の上の方から順に外出する。それに土、日もさまざまな勤務がある。ちょっとでも上に睨まれたら、土、日や休日に特別勤務を就けられてしまうのだ。

外出といっても、特外、つまり外泊できる特別外出はシンペイには不可能。普通外出という門限の決められた外出のみだ。この門限がまた厳しい。ボクらシンペイの門限は、午後一一時。一士、士長以上で一二時。これにわずか一分でも遅れると、帰隊遅延で処罰される。「五分前の精神」で帰隊が必要なのだ。帰隊遅延は、だいたいが外出止め。一ヵ月の禁止もザラ。帰隊遅延を繰り返すと、外出禁止に加えて中隊長の「注意処分」や「訓戒処分」さえもある。

だが、これにさらに外出の規制がある。すでに話してきた貯金額での制限だ。シンペイにはとくに厳しい。貯金が余りに少ない場合は外出禁止。一時期わが中隊では、貯金額によって外出、外泊の回数を実施したことがあった。が、これは余りにも不評でその後なくなった。

中隊では貯金通帳の「班長預かり」まではさすがにない。しかし、貯金の管理は厳しくやられている。ボクなど別にカネにルーズではないが、貯金をする趣味も感覚もない。これには困ってしまった。だから、とにかく外出するために最低の貯金額は維持しようと必死になった。

自衛隊でとくに陸士は、駐屯地内にがんじがらめになっている。「カゴの鳥」とはよく言ったもの。つまり、上の方はボクらヘイタイをシャバから断って、柵の中に閉じこめたいのだ。シャバにカブレてはならないというワケ。

●幼児のごとく扱われる陸士

中隊に配属されて、それでもボクらは少しは自由になる。外出の時の当直の点検も簡単になる。教育隊では外出証を交付される前に、いつも点検を受けた。まず第一にチリ紙、ハンカチの所持品点検。だいたい、田舎出のボクはチリ紙やハンカチを、ふだん持つ習慣がない。だから当直幹部にいつも怒られた。

次に頭髪、ヒゲ、ツメの点検。ツメをキチンと切っていないとダメ。これが終わって服装の点検。ネクタイが曲がっていないか、シャツはクリーニングに出しているか、アイロンをちゃんとかけているか、靴は磨いているか、と続く。これでやっと外出証を出す。

思い出したが、教育隊では「躾教育」を徹底的にやられた。これは中隊でも同じ。まずは服装。「上衣のエリを立てない」「ズボンの折り目をつける」「ポケットに物を入れない」といろいろウルサク言う。「ハンドポケットをしない」もある。

イヤになったのが、営内では寝るとき以外はすべて、半長靴や短靴をはいていることだ。水虫に悩まされているボクは、これが大変だ。営庭を歩くときでもサンダルはもとより、ハダシなど厳禁だ。だから医務室に通い医官の許可をとって、初めてボクは営庭でもサンダルで歩けるようになった。

が、靴下を四六時中はくことには、なかなか慣れない。しかし靴下をはかず靴をはくのも厳禁。暑いからといって、素肌に作業衣を直接着るのもダメ。驚くのは制服や作業服を着て、傘をさすのも絶対厳禁だ。自衛隊ではどんなに雨が降っても、傘というものはナイのだ。この代わりに雨衣というのがある。レインコートのことだ。これではちょっとした雨でも、下半身はズブ濡れになってしまう。もっとも上も帽子だけだから、エリのところからジワッと雨がしみてくる。

うらやましいと思うのは米軍だ。彼らは時々、上半身ハダカで作業をしているのを見かける。これは自衛隊では考えられない。習慣の違いというよりも、軍というものの拠ってたつ思想の違いだ。

「躾教育」は、確かに田舎出のボクらに「紳士の身だしなみ!」を教える。靴下さえもほとんどはいたことのないボクにとって、教わることは多い。しかし、これは「躾教育」

の名のもとに、隊員を「幼児」としてとり扱っている。手とり、足とり、干渉することで、物事を考えない人間をつくる。つまり、上命下服の精神、命令への絶対服従を植えつける。つまり、服従が習性になるまで、ヘイシは造り上げられるのだ。

●日曜下宿で規律は弛緩

ボクは、人間は本能的に自分の巣を求めるのではないかと思う。自衛隊の体験でつくづく感じた。二四時間、同じ営内班に暮らしていると、いいかげんイヤになる。個人の時間というものがまったくないのだ。もちろん、プライバシーの片鱗もない。

本を読んでいると「何を読んでんだ」と言って、誰かがのぞきこむ。班長が読書の内容をチェックしている場合もある。絶えず誰かが騒いでいる。土、日の休みの日も同じ。

この頃、ボクの新隊員の同期の間で、日曜下宿を借りるのが流行った。もちろん、上には内緒で。日曜下宿とは言葉どおりで、土、日にしか行かないからその名がついた。ボクは、入隊前に借りていた浅草に近い下谷の同じアパートを、大家さんに頼み込んで安く借りることができた。

月に何度か下宿に帰ってくる。駐屯地からほとんど直行。帰ってくるとまず、レコードをまわす。コーヒーを飲みながら瞑想する。ホッとして、解放感があふれる。時間があると近所を散歩。本屋さんをのぞいたり、公園を散策したり。

部屋を散らかしていようが、寝転がっていようが、誰もジャマするものはいない。同期のなかでは、月にわずか数回しか使わないのに、高いアパート代を払ってもったいないというヤツもいる。が、ここはボクだけの空間。

仲間たちの日曜下宿は、どこへ行ってもキタナイ。だいたい足の踏み場もない。散らかり放題。部屋は何カ月も掃除をした跡もない。ボクもほとんど同様だ。規律ずくめの営内班の反動なのか、例外はない。本当の規律は、強制されては身につかないということだ。

ところで、ボクたちがこの下宿を秘密に借りたのは、ワケがあるのだ。本来、日曜下宿は、上の方に届け出れば良いことになっている。営内班でも士長以上は、借りているヤツが結構多い。だが、日曜下宿は届け出れば、上の点検とあいなる。服務指導幹部が、火災予防や非常呼集の場合の、連絡手段の点検という口実でやってくる。これではせっかくの自由な空間が失われる。ボクが自分自身を取り戻すのは、日曜下宿しかない。

●二四時間態勢下の外出と休暇

本来、隊員は課業時間以外は、自由な時間のはず。午後五時に課業が終わるから、これ以後は外出しようがどこに行こうが、かまわないということになる。

実際、結婚している営外者は、「日の丸降下」のラッパをきくや否や、そそくさと家へ帰ってしまう。営内の陸曹や古参の陸士もそう。メシを食ってフロに入ると、彼らも一目散に出かけてしまう。ところが、ボクらは課業が終わっても平日は、営内班でくすぶっている。せいぜい、隊員クラブへ行って、ウサばらしをするだけ。

ボクら陸士が平日に外出しようとすると、上の方はウサンクサイ目でみる。「アイツ、どこへ行くんだ」という雰囲気だ。つまり、営内居住義務のある陸士（陸曹も同じ）は、平日はもとより土、日さえも、あまり外出をさせるなというワケ。

この口実にしているのが、「二四時間勤務態勢」というヤツだ。自衛隊法でも「隊員は、いつでも職務に従事することのできる態勢になければならない」（第五四条）とある。隊内では、この二四時間態勢というヤツを口をすっぱくして教育する。つまり、自衛隊は、いつでも有事即応態勢下にあるというわけだ。だからこれを口実に、できる限り外出を制限しようとする。

休暇も同じ。休暇は規定では、年次休暇が月に二日与えられる。とすると、二日×一二日＝二四日となる。これに年末年始の特別休暇が六日間加わるから、年間では三〇日間あることになる。しかし、年間三〇日どころか、半分消化するのも難しい。

この規定どおりに休暇を申請しようものなら、それこそ勤務評定は急激に降下する。もちろん、さまざまな口実をつけて却下されるというワケ。なんせ、休暇は外出よりも中隊長の査定がキビシイ。ところが、この休暇は、年度末になるとバッサリ切り捨てられる。つまり、規定どおりの計算では、年度末に三〇日間を越えた休暇が、実際にはゼロになるというワケ。

これが長年勤める者には面白くない。毎年、一〇日間も二〇日間も削られるわけだから、ハラも立ってくるというものだ。民間では、余った休暇を買い取ってくれるところもあるらしいが。

それでも「与えられた」休暇をやっとのことで取ると、これがまたいろいろな手続きに縛られるのだ。

まず、休暇には規則で、行動計画書というものを作成しなければならない。これには何月何日に、どこで何をするかを詳細に書かされる。そして、非常の場合の連絡手段を明記する。これを持って、班長、先任、中隊長と回って、印鑑を捺してもらう。たっぷり、イヤミを言われながら。

非常の場合の連絡とは、タテマエは有事、センソウということだそうだ。実際は災害派遣が多い。センソウになったら外出中だろうが、休暇中だろうが非常呼集をかけるという。この非常呼集を残念ながらボクは、一度も経験していない。

が、航空自衛隊にいるボクの同級生は、いつもボヤいている。外出の度にイヤミな幹部が非常呼集を掛けてくると。通常は年一度の演習の時だけらしい。これが掛かると酒場で酒を呑んでいようが、彼女とデートしていようが、ただちに帰隊しなければならないという。もっともこの同級生が言うには、こういう時にはあらかじめ、何日の何時ごろ非常呼集を掛けると、事前に教えるらしいのだ。

いずれにしろ、自衛隊では心休まる日はないのだ。

●お年寄りにモテる自衛官

最近は、九州のボクの田舎でも、新幹線や飛行機で帰省するようになったから、速い。ところが、七〇年代初期の年末年始や夏のボクらの帰省は、まさにセンソウだった。

第一、新幹線はまだ、大阪までしか開通していなかったから、乗ってもしょうがない。飛行機はボクの感覚では、ブルジョアの乗り物だった。特急列車は、よほどカネに余裕のあるヤツしか乗れない。だからボクら貧乏人の帰省は、もっぱら急行列車の二等車。もちろん、寝台などついていない。

これがまた、スシずめ。行きも帰りも座席に座るどころではない。トイレに行くのも大変だ。長い旅行でクタクタになって、立ったまま寝ている人を押し退け、かき分け、やっとの思いでトイレにたどりつく。ボクの経験では西鹿児島から大阪まで、ずっと立ちっぱなしということもあった。まったく身動きもとれずにである。

しかし、当時の帰省列車は人情味が溢れていた。立った人も座っている人も、絶えず見知らぬ誰かと話をする。もっとも、二〇数時間ものヒザをつき合わせているものだから、

それに比べて今ドキの若いモンはのぉ〜
……ハア

会話のないほうが不思議だ。まわりも、ほとんどが九州へ帰る人たちだったから、同郷人としての気安さもあった。

冬でもボクらは、日焼けしてアサ黒い顔をしている。髪はスポーツ刈り。そして精悍！ときたら、どう見ても「自衛隊サン」にしか見えない。だから座席の前のオジイサンも「あんた、自衛隊サン？」と声をかけてくる。それから、延々と昔のグンタイの思いで話が続く。経験では不思議とボクらは、お年寄りと子どもにはモテる。

だが、モテないのが若い女性。最もモテたいのに！　ボクもこの頃は彼女もできた。しかし、彼女はボクの職業を「公務員」と信じて疑わない！　だいたい、初めにウソをついたのがまずい。つい「公務員」と言ってしまったのだ。恥ずかしかった。本当の職業を言うのが。もっとも、これは半分がウソで半分は真実。ボクらは正真証明の「国家公務員」。ただし「特別職」なのだ。

しかし、同期のヤツの誰に聞いても、自分たちの職業を正直に人に話すヤツはいないらしい。「自衛隊サン」はダサイらしいのだ。とくに都会では。自分たちの職業を、人に誇りをもって話せないというのは、ナサケナイ。しかし、これがボクらの現実なのだ。

●東京の中の自衛隊サン

近ごろは東京の街中で、制服の自衛隊サンを見かけることは、めっきり少なくなった。しかし、七〇年代の初めまでは、頻繁に見つけることができた。というのは、私服での外出が自由化されたのは、この頃だからだ。

これには大きな理由がある。つまり、七〇年前後の「反自衛隊」の動きである。自衛官の大学入学拒否や駐屯地へのデモから始まり、街中では、ほとんどの自衛官募集のポスターが破かれる。ボクらは、このポスター張りにまで動員される始末。制服など着て街を歩いたら、それこそ、殴られかねない雰囲気である。

まあ、自衛官は結婚式だろうがどこだろうが、常に制服着用こそ美徳と教わってきたが、ここで大きな退却戦を強いられたワケだ。

こういうワケだから、ボクらもヒッソリと街に出てゆくようになる。「身分」を隠し、「顔」を隠して。

こういう自衛隊サンがデッカイ顔をして、街中をノシ歩くのが年一回の観閲式だ。神宮外苑での中央観閲式を終え、戦車や大砲を先頭に青山通りをパレードする。上空には航空自衛隊のＦ一〇四戦闘機をはじめ、自衛隊の航空部隊が観閲飛行をする。初めての観閲式に参加したボクも、普通科部隊の先頭で行進、胸が高鳴る思いだ。

が、神宮外苑前での観閲式もここまで。都知事の美濃部サンの登場で、あっけなく朝霞駐屯地への、これまた撤退作戦を強いられる。以後、観閲式は、ずっと朝霞で行われることになる。

ところで、こういう東京でのミジメな外出や休暇に比べたら、田舎での休暇はテンゴクそのもの。ボクの田舎は、軍都というわけではないが、自衛隊の街でもある。学校を出たら、子どもが公務員になるのが親の夢だが、自衛隊もそのひとつになる。田舎全体の貧しさが故と言える。だから、街中の一番のビジンさんも自衛隊サンと結婚する始末で、高校生のボクらは、よそ者に取られたくやしさで地団駄を踏んだものだ。

まあ、ボクの田舎で自衛隊サンは、唯一都会風のカッコイイお兄ちゃんたちということになる。だから、自衛隊に入るのは珍しくないどころか、子どもの時期にはあこがれのマトでもある。

●「通い婚」の陸士

最近は自衛隊も「女子禁制」ではなくなった。陸上自衛隊にはワック（ＷＡＣ）がいる。航空自衛隊にはワッフ（ＷＡＦ＝Women in the Air Force）がおり、海上自衛隊にはウェーブ（ＷＡＶＥ＝Women Accepted for Volunteer Emergency Service）がいる。いずれも婦人自衛官（女性自衛官に改称）だ。隊内でも制服を着た彼女たちが、カッポしている。

ところが、ボクらの時代には、隊内に女性の姿はほとんどなかったから、ボクらは女性には、まったく縁がない。せいぜい、バーやスナックの、いわゆる水商売の女性がボクらのお相手。だから、結婚相手も当然、水商売の女性が多くなる。この頃は、ワックと結婚するヤツも多い。

が、ワックの連中も心得ていて、ボクらのようなペエペエの陸士は、お相手ではナイ。現金なものでやはり、お目当ては幹部、それも出世コースの防大（防衛大学校）アガリの幹部らしい。武山で、防大生はモテると聞いたが、まったくだ。ちなみに防大は同じ横須賀にある。

しかし、彼女ができて、めでたく結婚と相なっても、ボクら陸士はカミさんや子どもたちと一緒に、家に住めるというわけではない。つまり、陸士は営内居住が原則だから、特外を許可してもらって、やっと家に帰れるというワケ。これも毎日はダメ。週にせいぜい三日だけ。

ボクが警衛勤務で親しくなった中隊の陸士に、結婚している士長がいる。彼は入隊制限年齢の二四歳ギリギリで入ってきた。入ってすぐに結婚したが、ずっと特外で家に帰っている。彼よりも若い陸曹が、営外居住を許可されているのに。ちなみに、規則上は陸曹も営内居住義務があるが、「特別に許可される」ことになっている。しかし、彼よりもずっと若い幹部は、結婚していようがいまいが営外居住だ。

この陸士は、いつもボヤいている。「オレは、いつまで通い婚を続けなければならないのかな」。いつまでも、平安時代なみの「通い婚」を要求する上の方は、いったい、何を考えているのか？

●演習で夜学にも通えない苦学生

入隊して二年目、ついにボクも念願の大学へ通うことになった。法政大学二部の法学部だ。法政大学は、駐屯地からボクの足で歩いて一五分。外堀の向こう側にある。課業が終わったら、夕食の早メシをかけこんですぐに行く。

ボクが法政を選んだのは、近くにあるというだけではない。田舎の高校時代から上京して大学へ行くとすれば、ここだと決めていたからだ。特別の理由はない。ただ、何となくこの大学の気風が、気に入ったということだろう。

授業のない日でもボクは、ほとんど毎日、大学へ行く。図書館で勉強をしたり、サークルに顔を出したり。この辺りからボクは、やっと充実した毎日が続くようになる。あのウンザリするような、退屈な日々とはこれでお別れだ！　クドクなるが、それにしても自衛隊の生活は、ウンザリするような退屈な日々である。毎日毎日がまったく同じことの繰り返し。細かく役人的に決められた規則。「グンタイとは、退屈に絶えることだ」。

ところが、ボクのやっとこの充実した人生に、大きな妨害がはいる。演習だ。平日に三日以上の演習がはいると、もう相当授業から遅れてゆく。この演習が後になると一〜二週間も続くから、こうなると大学へ通っているというのは、単に名目だけになる。

実際、ボクら通学生は、平日に夜学へ通うために、土、日に進んで特別勤務に就いている。したがって、休みの日はほとんどが勤務か、営内への残留となるのだ。こういう努力をしても、すべてが演習でブチ壊される。

ボクは、こういう条件の中で一生懸命の努力をしたが、卒業するまで七年もかかってしまうハメになった。だが、これでもボクはいい方。連隊ではたくさんの人が通学を断念している。やっぱり教育隊で、班長が言ったとおりだ。地連にダマされたのだ！

だが、通学生で唯一、優遇されているヤツらがいる。国士館大学に通っているヤツらだ。彼らは演習で授業を休んでも、すべて出席扱いという。そういえば、中隊長がしきりにボクに国士館を勧めていた。通学生も半数以上が国士館に通っている。しかし、ボクにしてみれば、授業も聞かず単に卒業証書を受け取るだけの理由で、大学へ行きたくはなかった。

●片寄った自衛官の意識

国学院大学出身の中隊長、森田三佐が、ボクにしきりに国士館を勧めたのは、ほかにワケがある。サヨクにカブレないためだ。

法政は、学生運動で有名なところ。いつも大学の正面玄関に大きな看板が出ている。この看板は「立てカン」と言うらしい。その前で白や黒のヘルメットをかぶった学生が、アジっている。内容は早口で聞き取れない。

一〇メートルはある、その「立てカン」にある日、「反戦自衛官・小西誠三曹来る」と書かれている。確か、この日は大学祭の日だった。アジ演説もテーマに合わせてか、自衛隊問題を喋っている。ボクも彼の名前は、新聞やテレビで見たことがある。航空自衛隊の少年自衛官出身で、隊内で治安訓練を拒否したという。大学も、この法政の通信教育学部に通っていたということらしい。

時々その頃、連隊の通学生だけを集めて、上の方の呼びかけで会合がもたれていた。連隊の情報幹部が主催した。名目は、通学生の悩みなどを聞くということだった。が、ここで言われていたのは、大学でビラを貰ったら、ちゃんと届け出るということぐらい。考えてみればこの目的は、通学生の動向調査にあったように思う。

上の方は、ボクら通学生を大分警戒しているようだ。反戦自衛官やサヨクに、カブレることを怖れている。しかし、ボクが通学して本当に良かったと思うのは、自衛隊の狭い了見から解放されたことだ。

ボクらは、二四時間営内に閉じこめられている。「カゴの鳥」は、世間とはまったく隔離されている。シャバとは完全にと言っていいほど交流がないから、自分たちの意識が片寄っていることさえわからない。

だから、隊内では幹部でさえも、常識ハズレの人間ばかり。サラ金で崩れるのも、けっこう陸曹や幹部が多いのだ。

かつて連隊長の坪井一佐は、「立てばパチンコ、座ればマージャン、歩く姿は馬券買い」と、朝の訓示でヤユした。しかし、これは正確には陸曹、幹部への非難だった。彼が言うには、「陸士はふだん、高校、大学、各種学校とみんな勉学に努めている。なのに、陸曹、幹部は……」ということだ。

ボクもこれには大賛成。陸曹や幹部には、知性や教養のひとカケラもみられない。これに対し市ケ谷では、陸士の相当部分は通学して、勉学に励んでいる。

自衛隊全体でも、おおよそ五千人が通学している。この大半は陸海空士だ。

それにしても、毎日が訓練でヘトヘトになる隊内生活は、勉学に励む環境ではない。営内では、どんな座学でも教場（教室のこと）でやる講義は、大半がイネムリしている。教官も最初から、このイネムリを前提に講義をする。自衛隊という世界は、世間から切り離して、初めて存在できる。

第4章　演習場の中はドロまみれ

●昔も今もワラ人形への突撃

流れる雨と汗で、顔も体もドロまみれ。鉄カブトをかぶった顔を地面すれすれにくっつけ、ゆっくりとほ伏前進。右手に持った着剣した小銃を、ギュウと握り締める。班長のカン高い声が響く。

「いいか貴様ら！　四秒間は迅速な行動をとれ。敵は狙って四秒後に引き金を引く。死にたくなかったら、一五メートルは全力疾走だ！」

演習場の中の小高い丘をめがけて、「突撃」の号令一過、ボクらは喚声を挙げて突っ込む。丘を一気に駆けのぼり、最後に壕の中の敵を銃剣刺殺。これを何度も繰り返す。戦闘訓練の仕上げだ。

ボクらは、教育隊から中隊での現在まで、突撃の訓練に明け暮れる。これは実際にワラ人形を相手に、銃剣で刺し貫く訓練だ。ワラ人形は人間に見立てて、袋を着せている。躊躇して人形を突くと、班長に怒鳴られる。「そんなヘッピリ腰でなんだ！　それで人か殺せるか。本物の人間は簡単には刺せないぞ。刺した後も腰を入れて、おもいきり引き抜く

百年前から
変わらぬ
銃剣突撃

んだ」。イャーな感じがする。

中隊では、銃剣道が盛んである。暇さえあればこの訓練だ。通常は木銃を使い、防具をつけて練習をする。ボクも中隊配属後、三段をとった。もっともボクの段は「気合い三段」と言われていたが。かけ声がデカイだけで、あまりうまくないということらしい。

銃剣道は、連隊での大会から全陸上自衛隊の大会まである。これに優勝した部隊幹部は、どこでもハナが高い。だから、銃剣道がうまいだけで、陸曹に昇任したヤツもいる。幹部になったヤツもいる。これぐらい、ここでは銃剣道を重視しているのだ。

木銃ではなく、小銃に着剣した銃剣格闘というのもある。これは普通科部隊のボクらには必須の科目。三級から特級までのクラスうち、三曹に昇任するには、一級以上をとることが必要だ。

コンピュータとミサイルの時代に、時代錯誤に見える訓練。これを自衛隊は今も重視している。考えられるのは、精神の重視、つまり古い精神主義だ。ここでも皇軍は生きている。昔も今も戦闘訓練の最後は、突撃刺殺だ。

●ドコマデ続くヌカルミゾ

基本教練や戦闘教練の総仕上げが、行軍だ。教育隊では、一〇キロ行軍と二五キロ行軍がある。早朝、駐屯地を出発。完全武装。背のうをせおい、小銃、水筒をもつ。二〇キロ以上はある。

部隊は、道路の両側を二列で歩く。前方には斥候が出る。雨に濡れた農道をひたすら歩く姿は、まわりの農家や古井戸などの景色と合って、情緒がある。非常にのどかな風景にボクは田舎を想いだす。

突然、「敵機来襲」の声が響く。直ちに部隊は散開し、道端の窪みに飛び込む。ガチャガチャとなる銃の音で、のどかさは吹き飛ばされる。

しばらく行くと、ゲリラの奇襲。素早く、横一列に散開。タンボの中で戦闘訓練が始まる。敵に向かって空砲を撃ちまくる。激しい音に、鳥が一斉に飛び立つ。ドロが戦闘服にも半長靴にもビッシリとつく。遠くでは見慣れているのか、農家のおかみさんや子どもたちが、黙って訓練を眺めている。

四キロごとに十分の休憩。小休止というが、とにかく疲れる。ボクはレモン二個をもってきたが、もう途中でなくなった。水筒もわずかの水しかない。班長は水はノドを潤す程度にしろというが、渇きをガマンできない。やっと大休止、昼食だ。

古ぼけたお寺のなかに陣取る。全員の小銃を叉《さ》銃にしてメシを食う。が、メシとは名ばかりで、缶のメシに缶のオカズ、缶のタクアン一個ずつ。

一時間の休憩の後、出発。昼すぎから雨はドシャブリになる。足の関節に力が入らず、背のうは肩に食い込んできて痛い。小銃がひたすら重くなってくる。体はシンから冷える。疲れが極度に達したところで、班長の指揮で軍歌を歌って行進。「ドコマデ続くヌカルミゾ――　三日二夜モショクモナク――　アメフリツヅク鉄カブト――」。旧軍の『討匪行』の唄だ。

不思議と気力が湧いてくる。しかし、雨の中の行軍は、なにか物に取りつかれたような悲壮感が漂っている。雰囲気に、ボクも呑まれそうになる。『コンバット』や『プラトーン』の世界だ。確かにここにはセンソウがある。

ヘイシを、体力的極限状態におくことで、そして、集団でそれを乗り越えさせることで、プロのセンシとしての自覚と充実感を養うのだ。この時代遅れの行軍も、ここに本当の意味がある。

それにしても、田園や国道での戦闘訓練は考えてしまう。おかみさんたちが黙って眺めているのは、無言の意思表示では。

●銃を抱いて塹壕生活

ふだん、営内の雑用や特別勤務で、退屈な思いをしているボクらは、演習が、最大の気分転換にもなる。

ボクが一番好きなのは、富士での演習。演習で最も多く行くのもここだ。知られるとおり、富士演習場は、富士山の裾野の日本最大の演習場のひとつ。市ヶ谷から中央高速をとばして、およそ二時間で着く。

春には、タンポポやつつじが咲き乱れ、秋には、それこそ月見草の似合う広大な草原だ。演習の合間に、草花に囲まれて、ひとり寝転がっていると、世間の喧騒もはるかに遠退く。富士の草原がすっかり冬景色に変わるころ、連隊検閲が始まる。年三回の主な訓練でくくられる、普通科部隊の最大行事がこれだ。年三回とは中隊長検閲、連隊長検閲、師団長検閲。

しかし、連隊検閲といっても、華々しい連隊の戦闘訓練は、ほんのひととき。ボクら陸士の仕事の大半は、タコツボ掘りだ。毎日、円ピ（スコップ）を担いで、歩兵個人用のタコツボや、それを結ぶ交通壕を掘る。すべてを胸の高さまで掘りあげ、銃座の盛土をつくる。

夜はシンシンと冷え込む真冬の富士で、天幕を張って寝る。が、これも一定の時期までだ。ある時期からは、ボクらはすべてタコツボの中が宿泊所になった。タコツボの中で、戦闘服に半長靴をはいたまま、銃を抱いて寝る。体のシンまで冷え込む。寒さと戦うために、胃にアルコールを流し込む。もちろん、タテマエでは演習中のアルコールは厳禁だ。

演習が急激に変化したのは、一九八〇年を前後とする時期。考えるとそれ以前の演習は、ピクニック。と言ったら、言い過ぎかもしれないが、それぐらいの変わりよう。以前は、天幕やタコツボで寝ることはなかった。すべてここにある廠舎の中で休めた。いつも暖かいメシが出てきた。しかし、これ以後は缶詰が多くなる。缶のゴハン、缶のオカズ、缶のタクアン、うんざりするほど缶詰の行列がつづく。

一変したのは、演習のすべてにわたっている。偽装網に小枝や草を結びつけ、鉄帽、車両、砲にかぶせる。一人ひとりが、顔にドーランを塗る。タコツボは縦横に掘りめぐらされ、車両が隠れるほどの深い壍壕もある。

この急激な変化の原因は、「対抗部隊・赤部隊」、つまり、ソ連軍と対峙するためだ。この時期「ソ連の脅威」が声高に叫ばれたのだ。

ボク体験ではこの時期をもって、戦後ヤユされた「サラリーマン自衛隊」の時代は終わった。ボクらが富士の草原で、草花に見とれたのは遠い日々となった。富士の大地は、深く傷を負ってしまった。

●体でホウシする自衛隊

昔からホヘイといえば、体でホウシするものと相場がきまっている。ボクらもまぎれもなく、ホヘイそのもの。特車は戦車に呼びかたが変わったが、今もフツウカが変わらないのは、陸自（陸上自衛隊）の七不思議のひとつ。

ボクらは、朝から暇さえあれば走れ、走れだ。「今日は──朝から──天気がいいな──みんなで──おわったら──ビールをのもう──」。隊列を組んで、歩調をとり、大きな声でドナリながら、ひたすら走る。隊歌も歩調にあわせて歌う。二〇キロの完全武装で走る訓練も、時々はある。背のうを背負って、小銃を抱えて走る。体力のない者は、振り落とされる。

ボクは中学、高校から走るのは得意な方だ。上の兄がそろってマラソンの選手だった。駆け足があまり好きでもないボクも、これで走ることに自然に慣らされている。だから、ここでは楽をしていることになる。

毎年、冬場には持久走の大会が開かれる。中隊対抗や連隊対抗など。中隊対抗競技では、各中隊ごとに選手を出してそれぞれが競う。これに勝った中隊は、ハナが高い。

中隊対抗競技には、持久走の他に射撃、銃剣道などがある。普通科部隊の三大特技がこの三つだ。

この対抗競技には、ひとつの目的がある。中隊同士が激しく競いあうことで、その団結力を作り上げることだ。したがって、時には、激しいむき出しの敵意を他の中隊に示す。上の方はこれを承認ずみ。つまり、外への攻撃を利用して内を固めるという政治の法則が、ここでも発揮されているというワケだ。

体力でホウシするのは、フツウカばかりではない。自衛隊すべてが体力勝負。自衛隊員は全員、体力検定を毎年、義務づけられている。一〇〇メートル走、ソフトボール投げ、走り幅跳び、土のう運搬、千五〇〇メートル走、懸垂の六種である。これを総合して、得点で六級から一級までのクラスがある。ちなみにボクは、入隊の初めの年を除いて、ずっーと一級を維持している。

土のう運搬が、一番自衛隊に似合っている。五〇キロの土のうを持ち上げ、五〇メートルを全力疾走。一級では、一〇・九秒以内に走らねばならない。これで時々、ギックリ腰になる者が出てくるというわけだ！　五〇キロは昔のセメント袋の重さ。

昔からグンタイは、農民兵ほど強いと言われてきたが、百姓出身の者がうらやましくなるのがこの土のう運搬。もっとも、百姓出身が喜ばれるのは、体力以上によく言う「苦痛に耐える」ということだ。

上が最も好む百姓出身も、このごろ隊内では少ない。これも「農業不在」の社会の現状を反映している。

●人体実験でホウシするシンペイ

完全武装の駆け足以上にキツイものがある。ガスマスクを着けて走る訓練だ。奇妙な格好をした、あのガスマスクを着けて一キロも走ると、もう、どんなに走るのが得意なヤツでも、根を挙げてしまう。呼吸困難に陥るのだ。

教育隊の時だ。ある日、「ガス体験」という訓練があった。完全密封の大きなテントが張られ、班長がその中で催涙ガスを焚いた。線香型の催涙ガスだ。ボクらは四人一組でこの中に押しこめられる。最初はガスマスクを装着していたが、すぐにマスクを取られてしまう。

この状態で班長は、順番にボクらに質問する。認識番号、出身地、氏名などを大きな声で答える。ガスマスクを取った瞬間から、ガス効果が現れてくる。涙はボロボロ。汗の出るところはヒリヒリしてくる。テントは密封されているから、中は湿度が高く、おもいきり汗が吹き出してくる。さらに体中がヒリヒリしはじめる。誰もが、テントから飛び出しそうになる。班長の質問が終わった。再びガスマスクの装着が許された。もう、ボクらはブッ倒れる寸前だ。

テントの中に何分いたのか、ほとんど記憶がない。ボクの感覚では、五分以上の長い時間のように感じた。しかし、班長は二〜三分だと言う。

ボクらがもらった「新入隊員必携」によると、この訓練は、正式には「ガス天幕を使用する装脱面訓練」と言うのだそうだ。これでは、第一段階が防護マスクの適合調節、第二段階が防護マスクの防護能力の認識、第三段階が汚気の排除要領、第四段階が装脱面の動作となっている。つまり、ボクらがやらされた「ガス体験」は、しっかり、教程どおりと

はい！大きく深呼吸してみようっ
吸うと
キケン
催涙ガス
後遺症のこるから

いうワケ。

「新入隊員必携」によると、この訓練の目的は、いわゆるＡＢＣ兵器に対する防護訓練という。核・生物・化学兵器のことだ。

しかし、この訓練が何のためにやられたのか、今もってボクにはわからない。考えてみると、生物・化学兵器の使用は、国際条約で禁止されているはず。日本はこれを批准している。だが、禁止されているはずの毒ガス作戦は、皇軍も中国大陸で行ったというから、自衛隊がこの作戦を想定していても不思議ではない。陸上自衛隊にも、大宮化学学校というのがある。

だが、ボクは二度とこの訓練を受けようとは思わない。みんなも同じ気持ちだ。ボクらは、訓練の名のもとで人体実験をやられたのだ。

●原発事故で災害派遣？

付け足しだが、「新入隊員必携」には、核兵器の防護訓練も挙げられている。これはさすがに実際の訓練としては、やられなかった。が、書いてあるということは、そのうちやるということだろう。傑作なのは、ここに書いてある「防護」の中身。これではボクらはうかばれナイ。

ここでは、核戦争の「事前の防護措置」として、身体は二枚以上の衣服、防護用のたれ、手袋を使用し、エリを立て、そで口を閉じ、できるだけマフラーなどを使って露出部を少なくするとある。

そして、核爆弾の「爆発時の動作」としては、凹地、盛土の陰に伏せて、手で顔、耳を覆い、この後、防護マスクをつけ、雨衣等を着用するとある。

つまり、ここで言っていることは、核戦争などというのは、たいしたことはナイということらしい。あのすさまじい核爆発に対しても、こんな軽装備で立ち向かうということなのだ！

また、教程は言う。「不用意かつ不準備のまま特殊武器攻撃を受けると、戦況が急変し、苛烈な様相を呈し、心理的衝撃により恐慌状態に陥る怖れがある」ので、「指揮官以下、平素から訓練の精到を図り、いかなる事態においても、恐れず侮らず、厳正な規律と旺盛な士気を維持し、敢然として任務の遂行に努める」。

実際の核戦争は、恐ろしい。ボクらは、パニックに陥るなんてものではないだろう。その前に、自衛隊から逃げ出してしまうのは間違いない。

ただ、ボクは不思議に思う。核戦争などというものを想定する前に、何故、原発の事故を、想定しないのか。チェルノブイリの原発事故を見ても、その悲惨さは恐るべきものだ。恐らく、何の訓練も受けないまま、原発事故への災害出動が命ぜられたとするなら、それこそ、ボクらは、パニック状態に陥り、辞める者も続出するだろう。それとも、この教程は、原発事故をも想定して書かれてあるのか？

［補足　一九九九年、東海村ウラン加工施設事故を機に自衛隊では初めて「原子力災害対処要領」が定められ、自衛隊法でも「原子力災害派遣」（第八三条の三）が規定された。これで陸自隊員は、原発事故に対して遅まきながら出動させられることになったというわけだ。この詳細は、小西誠編『自衛隊マル秘文書集』（社会批評社刊参照）］

●「T訓練」という名の暴徒鎮圧訓練

ボクが中隊に配属されて、頻繁に行われたのが「T訓練」だ。「T」とは、治安出動の最初の文字をもじった隊内の隠語。

最初は、精神教育から始まった。日米安保の意義、自衛隊の存在、そして共産主義の危険性と続く。いつもと教官の態度は違う。心なしか緊張している。それがボクらにも伝わってくる。

三角巨馬の組み立てが、初めての実戦訓練だ。これは市街地、一般道路の遮断に使う。つまり、緊急時のバリケード。三角と直線のアングル鋼材数本を用意して、ボルトで組み立てる。高さは二メートル、幅は四メートルほどある。これを素早く組み立て、撤去する訓練だ。数分で行えるように訓練する。三角巨馬には、必要に応じて有刺鉄線を張り巡らす。

この後、木銃を使った隊形訓練に移行した。菱形隊形、横隊隊形など、暴徒の態様に応じて制圧隊形を自由に変える。習熟してきたら、隊員の一方が暴徒になり、これを見立てて隊列を組んで制圧してゆく。

実戦訓練の間、職務質問についての教育と実践訓練を行う。警察官職務執行法の解説、これと自衛隊法の治安出動規定との関係など。そしてこれを応用して実際の職務質問の練習。班長や助教が、実際に、暴徒や負傷した民間人に変装して、ボクらの職務質問に答える。

T訓練の仕上げが連隊総出の大規模の演習だ。

対抗軍（暴徒組）と攻撃軍の二つに、連隊の全員が別れる。攻撃軍は防毒マスクをつけ、六四式小銃を持つ。対抗軍はもっぱら投石。ボクはこの訓練で一番きつい役割を受け持った。防石ネットの係りだ。攻撃軍の最前線でネットを持って進むと、対抗軍から無数の「石」が飛んでくる。「石」といっても、これは石に似せたお手玉だ。だが、当たればひどく痛い。お手玉の中には、小石や砂がぎっしり詰まっているからだ。

夜からは、建造物に対する夜間攻撃訓練。四階建ての隊舎が、占拠中の建物に見立てられ、これを地上と屋上から攻撃する。屋上からはヘリが攻撃。これに合わせて地上から突入する。これにたまらず建物から出てきて、投石を始めた暴徒を制圧して終わる。これは東大安田講堂の攻防戦がヒントになっているようだ。

状況終了後、指揮官から全員に厳命が与えられた。「今日の訓練は、内容はもとより、行ったことも、厳に秘密だ。とくにマスコミに対しては注意せよ!」。

七〇年安保の終わりとともに、「T訓練」はなくなった。しかし、ボクが疑問を感じたのは、自衛隊が国民を攻撃目標にして訓練したことだ。自国民を相手としたこの訓練に、仲間たちのほとんどは強く反発している。

●自衛隊のゲリラ、レンジャー

草木も眠る丑三つ時。夢の中では、テーブル一杯のご馳走が並んでいる。オニギリ、ラーメン、果物、大福。

「これがご馳走？」と思うかもしれないが、飲めない、食えない「状況下の訓練」で、終わったら腹いっぱい食うぞと思い浮かぶのは、いつもオニギリ、ラーメンだ。そのオニギリを手にとり、大きく開いた口に持っていこうとした、その瞬間、「ピピピピピ、ピィー」。

カン高い笛の音が、無常にも夢をさえぎり部屋中に鳴り響く。同時に「レンジャー部隊、非常呼集！　集合場所、営庭！」の怒鳴り声。

頭の中はまだ、眠っている。が、笛の音が条件反射となって、ガバッとベッドから跳ね起きる。下のベッドの者は、頭をガッンとしたたかに打ちつける。鉄製の二段ベッドだからだ。痛がっている暇はない。時が過ぎれば、それ以上の苦痛が待ち構えているのだ。

左手で打ったところを押さえ、右手で「戦闘ズボン」の上をつかみ、そこへ右足を突っこむ。「戦闘服」を着て、半長靴をはく。弾帯をつけ、ヘルメット、鉄帽をかぶり、背のうをしょって小銃を持つ。すべてこれは暗やみの中。準備万端整ったら、一目散に集合場所に突っ走る。

営庭で教官が懐中電灯で腕時計を照らし、時を刻んでいる。「一分前、――三〇秒前、――二〇秒前、――一〇秒前！」。ボクはやっとのことで間に合い、左端に並ぶ。カウントダウンは続く。「九秒前、――八、七、六――三、二、一、ゼロ」、「ハイ、ここまで！」。だが、時間は過ぎても暗い隊舎から、一人、二人と出てくる。ゼロから五人。教官は容赦しない。「遅れてきた者、腕立て伏せ―用意」と号令がかかる。

「いち、に、さん」と声を出し、腕立て伏せの姿勢。

「腕立て伏せ、三〇回。始め！」

三〇回はたやすいと思うかもしれないが、そこはレンジャー。背中には一〇キロの背のうと、四・七キロの小銃をせおっている。しかも、一人でも腕を曲げたままならば、ほかの者もズッーと曲げたまま。連帯責任というヤツだ。これから「想定」が始まるというのに、もうクタクタだ。

レンジャーとは、陸上自衛隊の教範では挺身部隊と言われている。わかりやすく言えば、「ゲリラ」だ。この教育期間は二ヵ月ちょっと。前半は基本教育で、地図の見方、火薬量の計算や火薬の仕掛け方、それに完全武装での駆け足で体力づくりだ。そして、後半一カ月が、この笛の音で始まる「想定訓練」だ。これは第一から第九想定まである。

一夜二日で終わる短い想定もあるが、六夜七日にも及ぶものもある。ひとつの想定が終わり、次の想定が始まるまでは、一応、自由行動が許される。が、いつ笛が鳴るかわからない。フロに入っているときも、メシを食べているときも「ピピピピー」とくる。

だからボクらは、レンジャー教育が終わってもしばらくは、「ピピピピー」の音で体が反応してしまう。隣の者には、けげんそうな顔をされる。

●イヌ、ネコを食べる「レンジャー鍋」

レンジャー教育の「想定」とは、一定の状況下で任務が与えられ、それをいかにして遂行していくかにある。潜入から任務の実行、そして離脱までだ。

レンジャーは主力部隊から離れ、独自の任務を遂行し、主力部隊を援護する。敵の通信施設などの破壊や補給路にある橋、トンネルの爆破、要人の救出、誘拐などの命令が与えられる。敵のど真ん中に潜入し、任務を遂行する状況が与えられる。だから、道なき道を進み、飲まず食わず、眠らずで「想定」が進行する。

ボクは、何も好きこのんで、レンジャー教育を受けたわけではない。隊員の中には好きで入るヤツもいる。しかし、できればボクは行きたくなかったのだ。結果的にはダマされて、行かされるハメになった。

ある日、ボクは中隊長に呼ばれた。「オマエ、陸曹になるんだったら、レンジャーに行ってこい」と言われた。が、ボクは「行きたくありません」と答えた。すると彼は言った。「なあに、まあ、素養試験だけでも受けて、それでもイヤだったら断ればいい」。ボクは、断るつもりで試験を受けた。

合格した。しかし、この後は命令。よく自衛隊はこういうやり方をする。ボクはもちろん、考えた。結論的にボクが思ったのは、自分の体力、精神を試してみようということだった。

この教育が終わって、ひとつだけボクは勉強になった。人間の本性、自分自身の本性を垣間見ることができたことだ。人間は、所詮、食べて寝ることができれば、オノレの本性を隠すことができる。ネコをかぶることができるのだ。でも、食えない、寝れない状況下では、オノレの本性が赤裸々に現れる。

基本訓練の時には、人を思いやるようなやさしい顔をしたヤツが、とたんに変貌するのを見た。ふだん、人づき合いの悪いヤツが、極限状況の中に落としこめられた時に、友を最もいたわった。人間は、表面的な行動や態度では、まったく量れないのだ。

この期間、普通の生活では考えられない体験をすることになる。眠りながら歩くこともある。「生存自活」という科目で、ヘビ、カエルはもとより、イヌ、ネコまで「レンジャー鍋」にして食わされる。

「レンジャー鍋」とは、あらゆるものをゴチャマゼにした煮込みだ。中に入れるものは当然、そこら辺りで売っているものではない。自分たちで捕らえたモノ、山の中で取ってきた草。ここらはまだいい。昔の教官連中は、絶対に食えないものを意地悪く入れたらしい。コンクリートの粉末、土、小枝、石、これらを「根性だ！」と言いながら食わせた。

ひとつの「想定」で、ボクは体重が七キロも減ってしまった。が、これがちゃんとした一食を食っただけで、元に戻ってしまった。食っても食っても満腹感がない。こんな腹ぐあいだから、教育終了後はアッというまに太ってしまう。

教育が終われば、全員にレンジャーバッチが与えられる。月桂樹にダイヤモンドをあしらったバッチだ。「意志が固い勝利者」という意味らしい。終了後、ボクらは元の部隊に戻った。

レンジャーは、米軍の特殊部隊「グリーンベレー」のような性格を持つが、別個に編成されてはいない。訓練内容は、一般部隊に比べてキツイが、中身は根性と忍耐の世界だ。しかし、これはいままでの話。これからはどう変わるのか。

●カナズチも泳ぎ始める水泳訓練

自衛隊の訓練というと、キツイ、キケンな話ばかりのようだが、たった一つだけ楽しい訓練もある。水泳訓練だ。もっとも、楽しいのは海辺で育った一握りのものだけか。北海道や東北の山育ちのヤツにとっては、ジゴクかも知れない。

ボクはカッパも驚く「カッパ様」。ガキの頃から、海が大好きという人間。何しろ、赤ん坊の時、歩きだす前に泳いでいた？　という伝説があるくらいだ。海に行くとまさに「水をえた魚」なのだ。

初めての水泳訓練は、神奈川県三浦半島の武山駐屯地にほど近い、長浜という海水浴場だった。太平洋に面したところだ。前期教育の終わり頃だったが、一般の海水浴客に混じった自衛隊サンの集団は、ひときわ目についた。

水泳訓練では、山育ちのカナズチにも自衛隊は、ちゃんと泳ぎを一から教えてくれる。

最初、訓練は泳げるものと泳げないものを四段階に別ける。まったく泳げないものは、なぎさでバタ足から訓練だ。ところが、カナヅチクンらも、一週間もすると泳げるようになるから不思議なものだ。

ボクは、自衛隊の訓練でひとつだけ良いところは、出来ないものを一定程度、出来るように訓練するところにあると思う。この水泳訓練もそうだが、ボクは何度も実感した。

もともと運動神経のよくないボクは、子どもの頃から何度練習しても、地上回転や空中回転が出来なかった。ところが、自衛隊の教官は、このコツをちゃんと教えてくれて、たちどころにボクは出来るようになった。つまり、自衛隊の訓練は、人に教えるという意味では、技術的に洗練されている。

この水泳訓練での圧巻は、一〇キロの遠泳だ。訓練の最後の日、一定の水準に達した者だけが、これに参加する。一〇キロというから、泳ぎの達者なボクも気が遠くなるような感がした。しかし、訓練の成果もあろうが、集団で泳ぐのは全然苦にならない。二～三時間かけて泳ぐから、せいぜい腰が少し痛くなるぐらいか。ヘタばってきた者にも、号令が励ましになる。

三浦半島の沖、太平洋を悠々と泳ぐのは、とても気持ちが良い。岸辺がはるか彼方に見える。ボクらがここではサカナの群れ。が、時々、現実に引き戻される。タンカーが捨てていった油が、手に顔にベットリとくっつく。ここは東京湾が近いところ。たくさんの船から、ゴミ捨てが当然のように行われていたのだ。公害問題がまだ活発化する前である。遠泳が終わり、岸辺に上がるとみんな全身、油まみれだ。

ところで、この頃、市ヶ谷駐屯地にはまだプールがあった。広いプールで、夏はここで泳ぐのがボクの楽しみだった。冬はといえば、ボクはプールで釣りをするのが楽しみ。というのは、近くの釣り堀で釣ったコイを、ここに捨てていくヤツがいたから、プールにはコイが巣くっていたというワケ。

が、このプールも今はない。なぜなら、プールを埋め立て、ここに高級幹部用の官舎を建ててしまったからだ。最近の待遇改善どころか、隊員たちの娯楽を奪い取ったこの処置には、営内からの怒りの声が渦巻いていた。

●最高指揮官に「カシラー、ミギ」

連隊の年中行事のひとつが、毎年恒例の自衛隊中央観閲式への参加。通常、中央パレードと言っている。秋に入るとこのパレードの、ウンザリするような練習が繰り返される。

パレードの練習というと、いつもワンパターンの教練の訓練。小銃を持った「捧げ銃（ささげーつつ）」の敬礼の反復、部隊の整列、行進。タテ、ヨコとも部隊が一直線に並ぶまで、訓練を繰り返す。

静止した時は、部隊整列はそれほど難しくはない。が、行進中に一糸乱れぬ体形を作るには、何度も何度も練習をやることになる。とくに大変なのが、「頭右（かしらーみぎ）」をやりながらの行進だ。全員が一斉に頭を右に向けたまま、行進するのだから、トタンに隊列は乱れる。これを何度もやり直す。

もうひとつ難しいのが、部隊全員の振り上げる手の位置の角度。前方へ約九〇度、後方へ約一五度と統一されているが、なかなかそろはない。これも一糸乱れぬまでに作り上げるまで、練習を繰り返す。

ボクは時々、他の国の軍隊のパレードをテレビなどで見ることがある。不思議なのは、自衛隊とは、腕の角度や歩き方が相当ちがうことだ。

しかし、共通するのはグンタイというところは、どうしてこうも、パレードや分列行進が好きなのかということだ。連隊でもパレードは中央観閲式だけではない。連隊長や師団長の着任、駐屯地の記念祭など、やはりウンザリするパレードの連続。

聞くところによると、パレードなどは「集団美」を追求しているらしい。だが、もともとグンタイの出生から思うと、敵への威嚇にある。つまり、ニワトリやネコがケンカをするとき、自分を大きく見せて威嚇するあの態様だ。自衛隊の部隊整列が、背の高い順に前から並ぶのは、それだ。

ともあれ、ボクらはみっちりとした練習を経て、中央観閲式のパレードに赴く。前日の予行演習を終わり、いよいよ本番。全国から陸海空のよりすぐりの部隊が参列。最高指揮官・内閣総理大臣の訓示、防衛庁長官の訓示などを聞いた後、観閲行進と続く。内閣総理大臣へ「カシラー　ミギ」。

ボクの最初の最高指揮官は、あの角栄サンだ。赤みがかった角栄サンの満足そうな顔が目の前に現れる。しかし、パレードが終わると、まもなくして彼はパクられるハメになった。あれ以来、ボクの最高指揮官は、時には数ヵ月、長くて二年ちょっとで交代してゆく。防衛庁長官ともなると、顔も名前も憶える間もなく消え去ってゆく。こんな最高指揮官の命令なんて聞きたくもないし、命は懸けられないと、つくづく思うのだ。

●衣食住はタダの自衛隊

「自衛隊は、衣食住がタダだから貯金がたまる」とダマされて入隊してきたボクらは、「衣食住タダ」ということにも、ダマされてしまった。

確かにここでは衣食住はタダ。パンツ以外のすべての着るものをくれる。メシもタダ。決まった時間に食堂に行けば食える。寝るところもタダ。営内班というゴリッパナ寝室兼居室がある。しかし、これには深い深いウラがあるのだ。ボクらは、「二四時間勤務態勢」という名のもとに、毎日のほとんどを営内に拘束される。土、日だろうが夜中だろうが、特別勤務に就く。

たとえば警衛勤務は、二四時間の連続勤務で仮眠はほとんどない。もっとも警衛に就けば、翌日は代休が与えられる。が、大事なのは、この二四時間勤務はタダ働きだということ。カンパンやラーメン一個の加給食を与えられて。残業手当などは、まったくない。

この他、課業時間以外の間稽古、中隊長などの伝令、消防勤務、週の半分も就く当直勤務などなど、寝る時間以外は毎日、二四時間勤務をしているのと同じだ。これに加えて、演習がある。二、三日から二週間までの演習。もちろん、二週間の長期の演習に勤務したからといって、何らかの手当があるわけではない。

上の方は、ボクらに常々口をすっぱくして言う。「オマエらの俸給は、二四時間勤務態勢を加味して与えられている。だから文句を言うな」。

だが「加味されている」とする、ボクらの給料はなぜこんなに安いのか。もしも、残業手当がついたとするなら、長期の演習などは、大変な手当となるはずだ。なんせ、演習は、人里離れたところで行うから、営外者といえども家に帰るわけには行かない。つまり、演習などは、一〇〇％拘束された勤務ということになる。

同じ自衛隊員でも、文官（防衛庁職員）は規定により、残業手当が支給される。ナイのは、制服組だけ。だから、結局、ボクらはタダ働きをしている。

衣食住タダというのも、マユつばもの。今どき支給される二着の服（全部二着！）で、誰が生活できるか。それも大半は、シャバに着ていくのもはばかれるシロモノばかり。タダで住めるという営内班も、十数人もいる大部屋の二段ベッドときている。プライバシーもないから、結局、みんな日曜下宿を借りるということになる。まあ、ガマンできるのは、最近少し良くなったメシぐらいだ。

このぐらいの「衣食住タダ」で、人を二四時間も拘束できるものなら、すべての民間会社は、ボロもうけすることになる。

［補足 ボクがここで書いたことに刺激されたのか！ 二〇〇〇年度から「特別警備隊員手当」が新設された］

●災害派遣は余技か？

ボクが入隊以来、連隊でも二度ほど災害派遣に出動した。三宅島の噴火の時と多摩川の決壊の時だ。多摩川の決壊の時は、ボクも初めて災害派遣に出ることになった。この時の住民の対応は、ボクには生涯忘れられない。ボクの入隊以来、初めて自衛隊が国民に支持される場面に出くわしたのだ。

現在でも国民の大半は、災害派遣に出てくるという理由で自衛隊を支持している。つまり、「武装部隊」としての自衛隊は、支持されてはいないのだ。

それにしても、阪神大震災時の自衛隊の対応は、オソマツとしか言いようがない。中部方面総監が涙を流して謝っていたが、これはもっぱらヤラセというのが隊内の評判だ。なぜなら、たかが一方面総監に、防衛庁が勝手に記者会見なるものをやらせるわけがないからだ。

この大震災での対応の遅れは、自治体から「要請がなかった」などというのが、原因ではない。根本にあるのは、高級幹部どもが災害派遣を余技としか考えなくなったからだ。

つまり、自衛隊は戦後、自衛隊の国民的認知を図るため、災害派遣を重視してきたわけだが、国民的認知を得た自衛隊に、もうこれは必要ないというワケ。この考えが強まってきたのは、ＰＫＯなどの海外出動が任務として入ってきたからだ。

最近では、幹部の中から災害出動を余技どころか、「任務返上すべき」という意見も公言され始めている。いわば「武装部隊」としての「本務」に戻るべきという考えが広がっているのだ。

これは、ボクの単なる主張ではないことは、事実が証明する。例えば、今度の阪神大震災で中部方面隊は、休日アケで隊員がそろわなかった、午前六時半に非常呼集を掛けた、と主張している。しかし、驚くなかれ。ここに隊員の誰もが知っている事実があるのだ。

それはあの一九九二年に改定された「国際緊急援助隊法」だ。この改定で自衛隊は初めて海外での「地震、火山噴火、台風、原発の爆発、ガス爆発」に出動することになったのだ。

そしてこの出動に備えて、自衛隊はこの年から三カ月交代で、方面隊を待機態勢置いている。隊員全員に予防接種をほどこし、休暇だろうが外出だろうが、密に連絡手段をつく

災害の時に
来てくれた
自衛隊の
お兄さん
ありがとう

らせてだ。それも九五年一月から三月までの間、待機を指定されていたのは、あの中部方面隊なのだ。

しかし、ボクらにとってはこれはたまらない。陸上自衛隊の五方面隊を三ヵ月に一度と言えば、一五ヵ月のうち、三ヵ月が待機態勢に入る。しかも、この待機態勢とは、あれから三年、ただの一度も「出動ナシ」というシロモノ。みんなこれでヘトヘトになってしまい、上の方からさえ、もっと緩めるべきという声が挙がっているぐらいだ。

まあ、ボクが思うに、上の連中が何が何でも海外へ出動したいという思いが、ここにはイタイほど現れている。しかし、これはあまりにも国民の意識や要求から、ズレすぎていやしないか。この数年前から大震災の危機が叫ばれていながら、一個の中隊さえも国内の災害向けには待機させていないのだ。

つまり、自衛隊にとって、国外の災害は総力で対処するが、国内の災害は余力であたれば十分というわけ。なぜなら、海外災害出動とは、本格的な海外派兵の第一歩と上は考えているからだ。

阪神大震災の現実は、これをまざまざ指し示した。国民としては、今度の震災で活躍したボランティアではないが、自衛隊に頼ることなく、自力で災害に備える方法を考えるのが得策というものだ。

●実戦化の中でクタクタのオジサン兵士

「演習場の射座に据え付けられた、二丁の六二式七・六二ミリ機関銃が、約三〇〇メートル前方の堰堤上の標的をめがけて、実弾を連続発射。激しい弾雨の下で、頭を地面にコスリつけるほど、低い姿勢。

機関銃の銃座を敵主陣地に見立てて、壕を出て、鉄条網をくぐり、ほ伏前進。十カ所のTNT火薬サークルで、次々に爆発が起こる。最後に着剣して喚声を挙げ、突撃」(『朝雲』新聞)

「実弾下戦闘訓練」という名の、本格的な実戦訓練が始まったのは、五〜六年前から。最初は幹部候補生学校と陸曹教育隊で、次いで一般部隊で。

これ以前の戦闘訓練は、せいぜい、空砲を射つのが精一杯。実弾射撃と戦闘訓練は別けてあった。これが一体化した。演習もそう。ボクらは演習といえば、ピクニックのような気分がしたものだ。せいぜい三日程度が多く、演習にはタップリ、アルコールを持って出掛けたものだ。

演習は急激に変化した。一〜二週間程度の長期間が普通になり、内容は一挙に実戦化した。「ソ連の脅威論」がこの背景。が、直接のキッカケは、日米共同演習の開始だ。八〇年代前半の日米共同作戦協定の締結。これで陸上自衛隊と米軍の共同演習が、初めて開始される。そして、実戦化している米軍へのキャッチアップが、自衛隊の課題となった。

しかし、訓練や演習の強化で喜んでいるのは、上の方だけ。ボクらはみんなクタクタ。長期間の演習が終わって帰隊すれば、今度は特別勤務が待っている。休みも極端に減ってしまった。カワイソウなのはオジサンたち。カアちゃんと会えないだけでなく、みんなが過労でまいってしまった。中隊では、オジサンらに職業病の腰痛が蔓延している。

それはそう。あの零下二〇度にもなる富士の演習場の、天幕や塹壕生活ときては、病気にならない方がフシギ。

中隊はこの十数年、陸曹が非常に多くなった。中隊定員の六〇数%にも満たない実員のなかで、陸曹だけはウヨウヨいる。しかし、ご多分にもれず高齢化現象。定年前のオジサンが、ボクらと一緒になって塹壕生活をするなどというのは、見るに忍びない。彼らが体にムチを打って、訓練に励んでいるというのに、高級ショウコウさんたちはジュウタンの上で、フンゾリ反っている。

かつて、芥川賞をとった作品に『草の剣』という小説がある。一九五〇年代の自衛隊員をモデルとした作品だ。ここでは「実弾下戦闘訓練」の風景が描写されている。つまり、自衛隊の訓練は、五〇年代に回帰したことになる。いよいよ、キナくさい状況になってきたということか。

●戦地へ赴く！ 応急出動訓練

一九八三年一二月一三日。第一師団に「応急出動」が発令。「X国が日本に侵攻」し、第三二連隊は千葉県へ、一個中隊を派遣するというものだ。

連隊では、ボクの入隊以来初めての非常呼集が掛かった。営外者も外出者も至急、呼び戻された。

隊舎の窓という窓には毛布が掛けられる。灯火管制のためだ。ボクらは一切の私物品を荷造りし、荷札をつけ、発送準備を完了する。宛先は実家。官品は衣のうにつめる。不要品は破棄処分。

部隊の装備品も、すべてがトラックへ積載される。小銃、機関銃、無反動砲、迫撃砲、ツルハシなどなど。そして弾薬。缶詰、カンパンなどの部隊糧食も、すべてトラックへ積み込まれる。

まだまだある。人事、厚生など、日常業務のすべての記録も、梱包してトラックへ積む。連隊内のすべての部屋はカラッポ。ベッドも片づけてある。隊舎と一号館の屋上には、重機関銃の対空砲座まで据え付けられている。砲座の周りは土のうでガッチリ固めてある。隊舎の出入口は一ヵ所だけに限定され、その一ヵ所の正面玄関の出入口には、武装した警備員が配置される。

すべての物品がトラックへ積み込まれた後、連隊の全員は中庭に集合。連隊長の訓示。そしてトラックへ乗車。トラックは駐屯地の中をグルリと一周して、状況終了。

この年から、毎年行われることになった「応急出動訓練」とは、つまり、防衛出動時の初動演習ということだ。訓練内容は中途半端ではない。連隊はすべての物品を撤去し、この後に他の部隊が入ってきてもいいようになっている。

それにしても、一個中隊を千葉県に派遣とはどういうことか？「X国の侵攻」に、わずか一個中隊の派遣は考えられない。ということは、千葉県とは、成田空港の警備ということなのか？

「実戦化」という声が隊内では、毎年毎年、強まってきている。これはこの後どこへ行きつくのだろうか。

第5章　駐屯地のウラはヤブ

●「ショクギョウ軍人」の教育

陸士には、任期というものがある。一任期は二年。以後、二年ごとに更新を繰り返す。ボクの新隊員の同期生は、半分がこの一任期で辞めてしまった。そして、残りの半分も二任期四年で辞めてしまったから、今いるのは、四分の一にも満たない。

ただし、陸士は辞めようが任期を継続しようが、満期退職金というものをガッポリといただく。一任期二年で本給の一〇〇日ほど、額にして当時四〇万円ほどだ。ボクもしばらくはこれで、フトコロが温かくなった。自衛隊は満期退職金が貰えるのを、募集の最大と言っていいほどの材料にしている。

「人のイヤがるグンタイに志願でくる——」という歌ではないが、ボクも好きこのんで、ショクギョウ軍人になろうと思ったわけではない。同期の者たちが、次々と退職していく中で、辞めることも何度も考えた。が、ボクの性格として、やはりこのまま中途半端に辞めては、後で後悔すると思い、悩んだすえに陸曹候補生を志願することにした。

陸士の場合は、三年を経ていれば陸曹候補生になる資格があり、規定の経験年数を経た直後に昇任する、一選抜という言い方もある。しかし、三年過ぎて陸曹候補生になるのは、ごくわずかの人である。ボクの場合は、候補生になるのに五年ほどかかった。

陸曹候補生の教育期間は六カ月。静岡県の板妻にある、第三陸曹教育隊に行くことになる。ここに全国から、約一二〇人の候補生が集まってきた。しかし、ボクはここでもガックリすることになった。なんとここでの教育は、シンペイ教育とほとんど同じなのだ。

二〇代も半ば以上のオッサンたち(三〇代以上もゴロゴロ)をつかまえて、服装点検と称して朝から、ハンカチを持っているか、ツメが伸びていないか、なのだ。シンペイなみに外出は制限されるは、点検や点呼で追いまわされるは、イヤハヤ、とんでもナイところに来たもんだ! それにせっかく上に「反抗」して伸ばしてきた、ボクの自慢の髪もバッサリとやられてしまった。全員ボウズなのだ。

お坊サンではないが、ここでの教育の真の目的は「世俗を断つ」ことにある。シンペイなみの教育も、納得がいくというものだ!

ただ、やはりそこはショクギョウ軍人ドノの教育。精神教育と指揮官としての教育は、シンペイとは決定的に違うところ。精神教育では、みっちりと「共産主義批判」をタタキこまれた。聞いたこともないマルクスやレーニンの理論を、教官が解説する。「人間の性善説にたっていることが、マルクス主義の根本的誤りだ」。なるほど、いい勉強をさしてもらった！

指揮教育は、陸上自衛隊の初級指揮官としての陸曹教育。小部隊戦闘の指揮官としての教育もあった。印象に残っているのは、営内班長として、人の掌握の仕方だ。隊員一人ひとりの「性格検査」、「知能検査」から心理学の応用までいろいろある。なるほど、グンタイはこういうふうにして、合理的に組織を維持するのかと教えられた。

もうひとつが、指導の方法。「やってみせる、やらしてみせる、補助してやる、反復させる」。これが指導のヒケツ。合理的な指導法だ。つまり、何でもそうだが、物事をやれない人にヤレヤレと何度言ってもダメ。自分でやってみせ、一緒に手とり、足とりでやって、最後に初めて一人でやることができるということ。

この中では、率先垂範ということを指導の基本と教わる。常に下士官は、兵の先頭に立って行動するということだ。まあ、この率先垂範どおりなんでもやってくれたら言うことはナイのだが、現実は余りにもかけ離れている。とくに、中級や上級の指揮官ドノが。

六カ月後、晴れてボクは三曹陸曹に任官した。自衛隊は、とりあえずボクの「職業」となったのだ。

●グンタイの要・下士官

陸曹になってよかったことは、同じ営内班でも、自由が一挙に拡大したこと。なるほど、階級社会である自衛隊は、階級が上にいくにしたがって、楽になっていくことがつくづくわかった。

なんせ、ボクは、外出が完全に自由になった。特外も取り放題。朝帰りしようが、誰も文句を言うヤツはいない。おかげで、日曜下宿にカビがはえていたのが、すっかりなくなった。

営内でもボクら陸曹は、陸曹室が与えられる。独身陸曹は少ないから、二人で一部屋、時には「個室」になる場合もある。日朝点呼も日夕点呼もなし。だから、起床時間の六時には、起きたことがない。タップリ、朝寝坊を楽しんで、課業前にやっと起きだす、という具合。

結婚すれば「通い婚」では、なくなる。連れ合いや子どものところに帰れる。営外居住が許可されるからだ。が、先輩の営外陸曹はいつもボヤイている。「特別勤務は多いし、演習は多いから、カアちゃんから、『アンタ、単身赴任と同じね』と言われるんだ」。

営外はカネがかかることも、ボヤキの材料。タダのメシが有料に代わる。雀の涙ほどの営外手当が、出るにはでる。タダの住いも有料になる。官舎も満員で入れない。住宅手当など、なんのタシにもならない。東京の家賃の高さは、地方から転属してきた陸曹を、一気に貧乏人にしてしまうほどだ。タダなのは「衣」ぐらいということ。

ちなみに、国家公務員は地方で勤務するのが一番のオトク。なぜなら、地方は、給料は同じなのに家賃、物価が低い。これに自衛隊の場合、寒冷地手当や遠隔地手当までつく。遠隔地とは、「僻地」のことで島での勤務、山村での勤務をいう。

昔からグンタイの基幹は下士官と言われる。自衛隊でもこれは同じで、下士官―陸曹は中隊や連隊の要中の要。中隊に一〇年、二〇年いる陸曹には、中隊長も頭が上がらない。営内班のことはもとより、演習でも陸曹は技術的に修練している。

しばらくして、ボクも営内班長になる。十数人の班員をあずかる身だ。今までのような自由を満喫はできない。若い隊員と苦楽を共にすることになるのだ。

ここでボクは、いままで自分が望んできたことをやるようにした。外出したい者には、班長の権限のギリギリで出した。営内班でのシンペイのお茶くみや「伝令」は、やめさせた。退職したいヤツを、ムリに引き止めはしない。だから、上には不評だった。というよりも、上から睨まれるようになる。

営内班長をやっていく中で、ボクはこの組織の矛盾に深刻に悩んでいく。上下に挟まれた下士官の仕事は、組織矛盾のしわよせそのものだった。

●将校ドノにはテンゴク

自衛隊の中で、陸曹以上に自由を満喫しているのが将校ドノ。すでに少し話してきたが、なんせ、ヤツらときたら、そもそも「営内居住の義務」がない。独身幹部でも街に公認の下宿を構えている。だから、外出を「許可」されることも、必要ないというワケ。

最近は陸士でも、私服外出が当たり前となった。しかし、幹部は、もともと私服が許されている。

隊内では、幹部用のフロもあれば、娯楽室もあれば、食堂もある。営内を歩く度に、マジメなシンペイは敬礼してくれる。最近は「お手盛り」で、幹部も陸曹、陸士と同じく、メシもタダになった。まさに、自衛隊のなかで、幹部はテンゴクというわけだ。

この幹部になるには、通常、一般大学から入るコースと防大からのコース、それに部内からのコースがある。部内というのは、つまりタタキアゲげの幹部ということだ。

隊内でもっとも嫌われているのが、防大アガリ。この連中ときたら、エリートの匂いをプンプンさせているだけでなく、頭が固い。防大アガリの「新品三尉」ときたら、防大の規律を必死でボクらに押しつけようとする。が、これもわずか数カ月だ。ダレきった陸曹、陸士に「溶け込まされてしまう」。

部内幹部も概して、評判はよくない。なんせ、タタキアゲの幹部は、たいして出世しないから、上へのゴマスリに必死になる。

これらに比して、一般大出の幹部は少しはマシ。防大出のように純粋培養の世間知らずではない。だから、比較的、頭は柔らかい。ただし、一般大出は、防大出の多い自衛隊の中で少数だから、片身が狭い。佐官クラスにもなると、自分の出世にも見切りをつける。なんせ彼らは、一佐以上に昇任することは滅多にない。せいぜい、「定年一佐」（お義理で定年直前に昇任）がいいところだ。

いつもテンゴクの幹部にとって、最大の悩みは転属（自衛隊では転勤のことを転属という）。三〜四年に一度は異動させられる。それも自衛隊は広い。全国区だ。孤島から山の上までいろいろある。上に睨まれたら、どこに飛ばされるかわからない。「単身赴任」は確定だ。転属の時期に、一喜一憂しているのが将校ドノである。

陸曹の中には、転属を嫌って幹部になりたがらないヤツも、結構多い。

●エリート、防大生の危機

防大出幹部の悪口をかなり話してきたが、何もこれはヒガミからではない。防大の教育自体に根ざした欠陥が、彼らを造り出している。

毎年、三月頃になると防大生の任官拒否がマスコミを賑わす。任官拒否とは、四年の学生期間を卒業して、幹部になる前に辞めること。この任官拒否は、一番多い年で九四人（九一年）になる。これはあくまで、学生期間の最後の時。入学した年から数えると、四年間で三割以上は確実に辞める。任官拒否を「税金ドロボー」と右翼的なマスコミは書くが、これには大きなワケがあるのだ。

わかりやすく言えば、防大の教育はシンペイ教育と同じ。つまり、新隊員の教育期間が四年間続くものと思えばいい。狭い学生隊舎の中で、監視の上級生と暮らしながら、四年間は、気が遠くなるというものだ。

リンチもあればイジメもある。点検ばかりの毎日で気は休まらない。外出はママならない。ちなみに防大では、特外は一年生はゼロ、二年生以上は制限して許可されている。おまけに一年生では、外出も制服が原則となっているから、外へでても大変。

防大でも、大半が日曜下宿を持っているというから、気分はボクらと同じだ。彼らは、ボクらと違って給料ではなく、学生手当しか出ないから、安い手当で下宿をかかえるのは、つらいだろう。もっとも、そこは心得たもので、二〜三人で一部屋を借りているという。

最近、防大当局から、防大の改革なるものが打ちだされている。これによれば、学生居室の八人部屋を四人部屋に改めるという。特外も日数制限を緩め、四年生になると完全に自由になるという。一人一台の専用電話を設置する案も出ている。

しかし、ボクに言わせれば、こんな小手先の「改革」では、なんの変化も出てこない。任官拒否は、増えることはあっても、減ることはない。つまり、何が問題なのか、上の方はまったくわからないのだ。

一例を挙げよう。八人部屋を四人部屋にしたからといって、何が変わるのか。相変わらず上級生のイジメは続くし、点検ばかりでプライバシーはない。若者にとって、心休まる日々はないのだ。

要は、自衛隊の硬直した制度的欠陥の問題。人を拘束したり、点検したりせねば管理できないという、これだ。防大だけでなく自衛隊全体も、恐らくそのうち誰も入ってこないのではないか。今の青年たちがこんなクダらないことに、身も心も費やすとは思えない。任官した防大出は、ロクなものにはならない。ボクの知り合いの防大教官が、いつもボヤいている。連中、訓練と体育で忙しくて授業中は、ほとんどイネムリしている！まあ、ボクらが座学でイネムリしているのと同じ。体でホウシする自衛隊には、学問は似合わない。「肉体と精神の対立」がある。これは非常に厳然たる事実で、ボクの痛苦な想いでもある。だから、彼らにしても何を学んできたのやら、ということになる。

任官拒否して辞めていった者こそ、それこそ「健全な精神」の持ち主ということだ。ちなみに、陸士の場合でもこれは同じ。長く残っているのは、シャバで使いものにならない者か、惰性でズルズル居残ってしまった者。恐ろしいのは、自衛隊に五〜一〇年以上もいると、シャバに出ていく勇気がなくなることだ。

●調査隊はＪＣＩＡか？

駐屯地で警衛勤務に就いていると、時々、髪の毛の長い、色ジロの隊員が出入りする。海空の隊員かと思いきや、これは知る人ぞ知る調査隊のメンバー。ウワサでは、髪の長いのは、学生集会などに潜り込むためという。

市ヶ谷には、中央調査隊というのがある。人数は一〇〇人以上と聞く。この他に東部方面隊の調査隊もある。任務は公表されていない。が、もっぱら任務は、治安情報の収集ということらしい。サヨクの集会やデモにも、よく出掛けていって情報を集める。ボクの大学でも顔見知りの調査隊が、集会に出ているのを見た。もちろん、彼は、学生ではない。

隊内では、もっぱら「反戦自衛官」を追い掛け回しているというウワサもある。ところが、何を考えているのか、彼らは隊員の結婚相手までも調査しているという。あるところでは、在日朝鮮人の女性と結婚する予定の隊員が、上の方に呼ばれて反対された。彼女の経歴は、この時、彼以外は知らなかったのだ。

もうひとつ重要なのが、秘密職種に就く隊員の身辺調査だ。通信、電子、暗号、警務などの職種に就く隊員は、入隊後でも再度、調べられる。

要するに彼らは、ボクら隊員の間をカギ回っているということ。サヨクの調査といっても、警察からもっぱら情報をもらう専門らしいから、大したことはない。

この調査隊と同じような仕事をさせられているのが、情報小隊。これは普通科の本部管理中隊にいる。本来は戦闘情報の収集が目的だが、ソコは治安出動を任務とする自衛隊。情報小隊に集会やデモの情報収集もやらせる。ところが、彼らは慣れていないものだから、時々ドジを踏む。ボクが知るだけでも情報小隊の隊員は、二度ほどサヨクの人々に捕まっている。ある時は、壇上に引きずりだされて「自己批判」を迫られ、泣きだしてしまったという。オマケにこの隊員、身分証明証を参加者に「保管された」というから、そのドジぶりも感極まる。後で彼の上官が、集会主催者に泣き付いてきたと報道されている。

陸幕には、陸幕二部別室という情報機関もあるが、これはロシアや中国の無線傍受や分析をしているところだ。近ごろ、上の方では、情報本部を作るという動きがあるらしい。なんせ、ボクらとしては、ケンペイなどが復活してくることだけは、ゴメンこおむりたい。

［補足 一九九八年、この陸幕二部別室や各幕僚監部の戦略情報部門を統合した情報本部が、市ヶ谷駐屯地に発足した。この発足後、「宇宙の平和利用」を投げ捨て、政府・自衛隊は偵察衛星を打ち上げることになった。また、調査隊は、〇三年三月に「情報保全隊」として改称・再編された］

●たるんでいる！ 市ヶ谷駐屯地

ボクの新隊員や陸曹教育隊の同期は、ほとんどが関東周辺の部隊に散らばっている。彼らの話を聞くと、わが駐屯地は、テンゴクということになる。

たとえば、他では上下の「戒律」は、ことのほかキビシイ。お茶くみや「伝令」は当たり前。陸曹も幹部もイバっている。外出制限もここよりはキツイ。まるでこれが同じ陸自かと思うくらいの違いがある。

ボクは、朝霞駐屯地や練馬駐屯地にも、よく行くことがある。ここでは幹部と見たら陸士らはサッと敬礼する。将校ドノのイバリようはすごい。市ケ谷ではありえない。髪の毛もみんな短い。スポーツ刈りに近いものが多い。ボクは市ケ谷で相変わらず長髪だが、これでもボクは可愛いほう。なんせ、市ケ谷では、モヒカンのツワモノもいるぐらいだ。

そうそう。市ケ谷駐屯地で今、パニックになっている事件がある。「クサリ巻き」事件だ。これは一九九四年の秋、突然、新聞の社会面を賑わした。

わが中隊の伊藤裕三曹が、千葉県木更津沖の海中からクサリを巻かれ、死体で発見されたというのだ。頭には、切りキズがあったという。彼は、数日前から休暇を取っていたが、家には帰っていなかったそうだ。

彼はボクもよく知っている。六年前に中隊に配属されてきた。まだ、ペィペィの二士だったが、カアちゃんも子どももいるという、珍しいシンペイだった。その彼が何故？　と誰もが思うだろう。

ところが、人は変われば変わるもの。いや、自衛隊が変えてしまったと言うべきか。その彼が殺される数カ月前頃からは、ハデなスーツでピシッと決め、ベンツに乗って通勤してきたのだ。金回りが急によくなったというワケだ。この理由は、警務隊の調査によれば、彼は覚醒剤に手を染めていたらしい。

ところが驚くなかれ。駐屯地がパニックになっているのは、その彼が、覚醒剤を営内全域にバラ巻いていたことだ。つまり、覚醒剤が駐屯地中に広まってしまったのだ。昔の営内班では、シンナーが問題化していたが、今考えるとこれはカワイイものだ。ついに、わが駐屯地は、ここまで行ってしまった！

さて、陸上自衛隊で最もキツイのが、空挺部隊。一般隊員のあこがれでもある。陸上自衛隊の最精鋭を誇る落下傘部隊だ。体力が人並み以上なかったら、空挺隊員にはなれない。だから、ここはどの部隊よりもキツイことになる。営内班でも「班長伝令」（班長の使役）が「制度」としてあるというから、スゴイ！　時代錯誤というべきか。

市ケ谷で密かに伝わっている話がある。あの三島事件の時だ。東部方面総監をはじめ、高級幹部数人を人質に取られたことを知った空挺団長は、「今すぐ、飛ぶから、準備しておけ！」と激怒して叫んだそうだ。もっとも、彼に出番がなかったことは、言うまでもナイ。空挺は、最強の治安部隊でもある。

ところで、地方部隊では陸曹になっても、お茶くみをしているヤツがいる。ボクの同期のひとりがそう。彼が言うには、陸士は彼のところには、ひとりしかいないということだ。自衛隊の人手不足も深刻。

陸上自衛隊でも、さまざまな部隊がある。最近多くなった、通信や電子機器を扱う部隊は、わが連隊よりもはるかに自由らしい。市ケ谷でも補給や業務隊などは、比較的ラク。やはり、歩兵の要、普通科はキツイ、キタナイということか。

●鉄は熱いうちに打て——少年自衛官

陸自で一番キツイのが、空挺だと思ったらマチガイ。もっとキツイところがあった。少年工科学校、いわゆる少年自衛官だ。少年というからにはグッーと若くなる。なんと、彼らは、一五歳から入ってくる。まだまだシリの青い歳だ。

この少年自衛官は陸海空ともあり、それぞれ自衛隊の技術者を養成する。ここは、戦前の幼年学校や予科連(飛行練習生)に例えられるが、やはり、大変なものだ。

武山の工科学校では、彼らは毎日、駆け足で移動している。ボクらと違って、上の者には欠礼は絶対しない。童顔の少年たちが走り回っている姿は、美しいというか悲しいというか。

ここの気合い入れはスゴイ。「連帯責任」で深夜にまで非常呼集がかかって、やる。ボクらがやられた石の上での「正座」のみか、「往復ビンタ」までやる。これがタダの「往復ビンタ」ではナイときている。彼らを二列に並ばせ、自分の前にいるヤツを、おもいきり殴らせるのだ。手加減していては、何度もやり直しとなる。

要するに、これは皇軍ゆずりの典型的な「連帯責任」のとらせ方だ。予科連などでは、もっぱらこれでやられたという。

ところで、こういうリンチで一生、障害を負ったという事件があった。これは海の少年自衛官の話だ。週刊誌や新聞を賑わしたこの事件は、やはり、深夜の気合い入れの時に起こったという。「前支え」中に、おもいきり腰を蹴られた一年生が、入院したのだ。腰骨が折れて三カ月の重傷だったという。が、これにとどまらない。この一年生は、何カ月たっても歩くのがやっとだという。この事態に怒った両親が上の方に抗議したが、上は絶対に謝らなかったそうだ。

これと同じような話は、工科学校でも聞いたことがある。一三人の水死事件は、前に話したが、訓練中の死者としては、後にも先にも自衛隊ではこれが最高だ。

つまり、鉄は熱いうちに打て！　とばかりに、彼らはシゴかれるのだ。乃木大将や東郷元帥も、ここでは生きているという。

こんな洗脳に近い教育が、何の意味があるのか、疑問だ。人間は、そう簡単に自分を失うことはない。工科学校の卒業生が連隊に配属されてきた時、当初は確かに、頭がゴリゴリにコリ固まっている。彼らの若い陸曹は、タタキアゲの陸士らの反発をよくかっている。しかし、時とともに彼らの大部分は変わってゆく。

彼らの変化は、同時に自己崩壊につながるようだ。この後、多くの部分が退職していくことになる。

●ツブシがきく？　施設アガリ

自衛隊も最近は技術化してきて、いろんな部門、職種がある。だから、通信やコンピュータなどに配属されたヤツは、さぞかしシャバに出て、ツブシがきくものと思われがちだ。が、これはとんでもナイ間違い。

大体、通信やコンピュータなどの仕事をしていても、大事なところはほとんど外部の業者まかせだ。隊員が扱うのは簡単な操作か、メンテナンス。したがって、地連が言う「自衛隊に入って技術を身につける」なんてことは、とんでももナイ。

しかし、こういう自衛隊の中でもパイロットだけは、引く手あまた。民間からの引抜きに自衛隊は汲々していると聞く。

まあ、自衛隊の中でパイロットになる人はごく少数だからおいとくとしても、他にもツブシがきく職種はある。施設部隊がそう。ここには民間の土建業者なみにブルドーザーもあれば、パワーショベルもある。ひと頃はこういう免許を取るために自衛隊、とくに施設に行きたいというヤツが多くいた。

面白いのは、大型免許の資格。シャバでは、普通免許を取って二年経たないと大型免許を取る資格はない。ところが、自衛隊は道交法の適用除外とかで、一八歳になったばかりの者が、いきなり大型免許を取ることになる。もっとも、一般の部隊では、この免許はなかなか取らしてはくれない。上のヤツらが難癖をつけてきて。

自衛隊に入って、ツブシがきかないことに幻滅したかどうか知らないが、ここにはアチコチに免許マニアがいる。中には四〇も五〇も、各種の免許を持っているヤツもいる。調理師だとか、危険物取り扱いとか、コノたぐい。こうやって免許を何十も取れるには、深いワケがある。というのは、このたぐいの免許を取るには、通常、一定の経験が受験の資格要件になっている。

自衛隊で取得できる技能
危険物取扱者
一般毒物劇物取扱者
土木施工管理技師　無線技術士
火薬類取扱保安責任者　准看護士
大型自動車二種免許　二級建築士
大型特殊自動車免許
ガス溶接技能者　簿記
靴みがき技能者
お茶くみ技能者
使いっぱしり技能者
他多数

ところが、自衛隊はこの経験をドンドン誰にでも与える。つまり、徹底的な乱発。だから、まったく何の経験がなくても、ペーパーテストだけでこれらの資格をチョウダイするというワケだ。まあ、これは一種の組織的サギと言えるかも。

もっとも、ＫＰをウンザリするほどやらされているわけだから、栄養士や調理師になる経験はあるかも？　テッポウや爆薬を扱っているのだから、危険物の経験は充分！　上の方がソチラの筋にこういう説明をしているかも知れない？　自衛隊は何でも職種はある。

だからといって、この何十かの免許が自衛隊を辞めてから、力を発揮したという話はアンマリ聞かない。ということは、自衛隊ならではの一種のお遊びということだ。もっとも、フツウカという職種のボクらは、体力だけが勝負だから、もともと何のツブシもきかない。ツブシがきくから施設に入りたいという人に一言。大事なのは、自衛隊の施設部隊というのは、ブルなどを扱って道路工事だけをやっているのではナイ。確かにカンボジアＰＫＯでは、一年でアナボコだらけになる道路を舗装して、国際的脚光を浴びた！

しかし、施設部隊の本来の仕事は、戦闘での最前線での任務。つまり、渡河作戦での浮橋建設や地雷源の除去などが、その主任務ということだ。だから、センソウでは最もシシャが多くなるというワケ。

今まで、日陰の地味な仕事をしてきた施設のショクンは、「コクサイコウケン」とやらで活躍して意気揚揚と聞く。が、自衛隊の初めての「センシシャ」は、もっぱら施設から出ることは間違いないというウワサだ。

●海空自衛隊のウラ

シャバの人は、陸自というと歩兵や戦車など、たくさんの職種があると思うだろうが、空自（航空自衛隊）というと、みんながパイロットになれると思い込んでいる。が、パイロットというのは、ほんの一握り。大半は、裏方でガンバっている。空自といえども、キレイなところやカッコイイところばかりではない。

田舎のボクの同級生は、パイロットにあこがれて空自へ入った。しかし、今でも彼は、毎日メシ作りに励んでいる。自衛隊では、糧食班勤務という。彼が言うには、空自にはパイロットくずれも多いそうだ。つまり、パイロットになるには適性が必要だが、それも機種が高度になればなるほどそうだという。

彼から聞くところによれば、空自はまさにテンゴク。隊内で、将校ドノに敬礼などをやる空士はまず、いない。外出も特外も七〇年代から、まったく自由。点検などたまにしか

空自のマドンナ

やられたことがない。髪を長くしていようが、注意を受けることもない。ただ、仕事をしっかりやっていれば、文句は言われない。ただし、ここでも営内班にはプライバシーはまったくないから、みんなが日曜下宿にヒナンしている、という。

旧軍には空軍はない。したがって、日本では空軍は、戦後初めて作られたわけだ。自衛隊創設過程では、旧軍の軍人たちで占められていたが、米軍の手で、いわば一から創設されたのが空自だ。

しかし、空自もソコは自衛隊、いいとこばかりではナイ。だいたい、旧軍の連中が作ったのだから、その伝統が空自でも生きている。たとえば教育隊。ここの教育は、陸自の教育隊とそう変わらない。いろいろな点検もあれば、「伝令」もある。私的制裁もあれば、躾もある。つまり、空自もやはりグンタイなのだ。

この空自が、なぜ部隊に行くと変わってしまうかというと、陸自のような大集団の地上戦闘訓練が、ナイからだ。ここは、ほとんどの隊員が職人か技術屋だ。また、通信電子や戦闘機の整備など、小人数での仕事が多い。こういうところでは、「厳正な規律」を求めてみたところで浸透しないどころか、弛緩する一方。つまり、現実が観念的精神主義に勝ってしまったということだ。創設期から七〇前後までの空自がそうだと言える。

これに比べて、旧海軍の伝統をすべて引き継いだのが、海自（海上自衛隊）だ。外出も外出とは呼ばず「上陸」と呼ぶ。彼らは艦艇の中が、ボクらの言う営内。規律も、旧軍そのままものが多いという。

今でも江田島の幹部学校では、旧海軍の「五省」(自己反省)をやっている。校内の教育参考館には、東郷元帥の遺髪が展示してあり、「帝国海軍精神」を継承する教育が行われているという。海自は戦後、基本的には解体されずにいたから、これは当然かもしれない。

しずれにしろ、空自も海自も自衛隊。テッポウを持って戦闘訓練もやれば演習もある。そんなにキレイではないのだ。

●「職業病」に冒されたショクギョウ軍人

バスの窓の向こうに、真夏の山並みが広がる。青々とした樹木が密集し、稜線が青空にクッキリ浮かぶ。「ワアーきれい」と感嘆の声が後から挙がる。ある休日の日。

ボクは、ハタと考え込んでしまう。長い自衛隊生活が続くなかで、こういう景色を見て、きれいだと思ったことがあるだろうか。「キツイ、クルシイ、イヤ」、そんな思いしか浮かばない。

　レンジャー訓練で、山の中をコンパス頼りに、道なき道を進む。雨をしのぐために木の根元にうずくまり、ウトウトする。こんな情景がボクの頭にコビリついている。

　ある幹部はこれを「職業病」という。彼はボクよりも重症だ。山をみれば、すぐに戦術を組み立てる。「戦車と一個班が援護射撃し、右から迂回して二個班が攻撃」、「八合目左端に機関銃一、稜線上に戦車一、正面の七合目、三個班並列に陣地構築」。

　「地形・地物の利用」が、真っ先に頭に浮かぶらしい。つまり、景色を楽しむという風情は、軍事では敗北につながるというワケ。幹部学校の戦術教育の「成果」がこれだ。これに比べれば、ボクはまだマシといえよう。

　が、ボクらの「職業病」は、これだけではない。使うコトバのはしばしに現れる。「物干場《ブッカンバ》」や「煙缶《エンカン》」はまだいいほう。民間病院に子どもを連れていったある先輩陸曹は、「子どもが、熱発《ネッパツ》しました」と、医者に言ったそうだ。もちろん、これはカゼを引いたということ。

　こんなこともある。激しい雨のふる日、ボクはカサだけでは心もとないので、コンビニに買いに行った。

　「すみませーん。アマイありますか」

「えーアマイ？」

店員はキョトンとしている。ボクは「雨衣」と念を押す。だが、逆に「それは何ですか」と聞き返されてしまった。

ボクは、しようがなく、「ビニール製で、フードつきで、えーと、雨に濡れないもの」と長々とした説明をするハメになってしまう。

店員は、「ああ！　レインコートですね」と、いともアッサリ。

こんな生活をボクらは、長いこと続けてきたわけだ。しみついた感覚は、自分自身の一部となり、慢性化している。コトバや景色のズレは、まだ許される。しかし、思考や行動までもがズレていった時、大変なことになる。

ところで、ボクの独断だが、グンタイ用語には、ひとつの特性がある。つまり、たいていが音読で読まれているということ。さらにいえば、音読で読むことでコトバに、威厳を持たせようとしていることだ。

●予備自衛官という労働者

どこの駐屯地でも、時々、ハラの出たオッサンたちが、ハアハアいいながら走っているのを見かける。が、これは体験入隊者ではナイ。予備自衛官という自衛官なのだ。正式には、非常勤の隊員ということになる。

この予備自衛官は、陸自では約四万八千人ぐらいいるが、ふだんは勤め人、労働者だ。つまり、自衛隊を辞めた隊員の中から、「志願」して入る。

予備とは、コトバの意味での予備、すなわち、防衛出動が掛かった場合に、動員されるということになる。この有事の場合は、基地警備などの後方支援に就くという。だから、彼らにもハラが出ていようが、訓練召集義務がある。現職時代の技術、体力を維持するギムがあるというワケだ。

ただし、彼らにギムが出来ているかどうかは別。まあ、彼らを見ていると、ほとんどムリというもの。コキ使われて忙しいシャバの仕事の貴重な休みを、こんなことに費やす情熱は感じる。

が、年間を通してタダの五日間の訓練で、練度が維持できるというなら、ボクらは何のために毎日、こんな訓練をしているのか？ ボクらは御用ズミということにならないか？ということは、現在の制度としての予備自衛官は、象徴としての意味合いしかない。しかし、これからは別。「実戦化」の中で、予備自衛官制度も内容も大きく変わる。

お偉いサンが言うには、予備自衛官は、これから「即応予備」と「補充予備」と「登録予備」に別かれるという。即応とは、ボクらと同じ、第一線の補充につく。訓練日も三週間になる。補充とは、とくに、大学生などから募集して、夏休みの一ヵ月間、訓練を受けさせるという。登録は単に登録しておいて、イザという時に備えるという。

まあ、今時の学生サンが、夏休みの一ヵ月間も訓練に来るかどうか疑問だ。ただ、即応予備の場合、訓練期間が長引く分、今度は企業に休みを与えるギムを作るというから、大変。「実戦化」は、いよいよセンソウが近くなるということか。

［補足　一九九五年から始まった新防衛計画大綱で、「即応予備自衛官」制度は導入され、現在、すでにこれらは新たに編成された旅団などに配置されている。また、ここで述べた「登録予備」も、「予備自衛官補」という正式名称で、二〇〇一年の通常国会で制定された。そして、すでに同年四月には、定員三〇〇名の採用が開始された］

第6章　自衛隊の中はヤミ

●海外演習にはスキン必携

最近、自衛隊の海外への動きは、めまぐるしい。ペルシャ湾からカンボジア、そしてモザンビークからルワンダ、ゴラン高原と続く。

こうも海外への出動が激しくなると、巷では隊員の「性処理」への関心が、一段と高まる。この時に、自衛隊幹部の「失言」が話題になった。「カンボジアPKOに出す隊員に、スキンを持たせる」という発言だ。

これが「失言」でないことは、言うまでもない。ペルシャ湾へ派兵された、海自部隊の前例で実証されている。こうしてみると、カンボジア帰還の隊員に、エイズが発生したというウワサは、どうも事実らしい。

実は隊内では、よく知られているが、これには「実績」があるのだ。

自衛隊は、一九六五年から海外へ実射訓練で行っている。空自はナイキミサイル、陸自はホークミサイルの導入とともにである。ミサイルを国内で実射する射撃場がないので、アメリカへ行って射ちまくるというワケだ。

陸自が年次射撃で行くのが、テキサス州・エルパン市のマックグレゴア射場。ここには、米陸軍の防空センターがある。ここに毎年、約二カ月かけて陸自の高射群の隊員、数百人が訓練で訪れる。

彼らは出発前に、しっかりと教育を受ける。「向こうに行ったら、性病に掛からないように、スキンを必ず持っていけ！」。自衛隊では性病は御法度。患ったら隔離される。入隊前だったら、即、帰郷を告げられる。だから、教育も「真剣」そのものだ。

ウワサでは、この射場の近くにメキシコとの国境があって、そこのメキシコ側の街に、パスポートなしで出掛けるという。

この隊員たちの買春は、上の公認というわけだ。PKO派兵部隊のスキン持参についても、上はしっかり、教育しているのは間違いない。なぜなら、隊内での性病の蔓延は、大幅な「戦力ダウン」となるからだ。

こうしてみると、グンタイに慰安婦は、必要不可欠なように見える。が、問題はそうではないように思う。つまり、今のグンタイを構成している階級的差別構造や、女性差別の構造に根本の要因がある。

戦後五〇年を巡って、軍隊慰安婦問題が大きな問題になってきている。皇軍の犯罪にきっちり、ケジメをつけないかぎり、戦後は終わらない。

●強制保険で天下り

陸海空の隊員を問わず、誰もが強い疑問を持っているのが、隊内での強制保険。入隊したら、まず最初に「指導」と称して、乏しい給料の中から天引きされてしまうのだ。ところが、これは相当の額ときているから、ほっとけない。

掛け金は、階級によって決められる。陸曹だと東邦生命四〇口、協栄生命四〇口、あわせて八〇口だ。一口一〇〇円ということだから、しめて八千円もの保険を掛けさせられるというワケ。ボクらに、このカネは痛い。

実は、この保険額は年々上がっている。「配当金が少ない！」という理由で、時々上の方からこれも「指導」といって、掛け金の増額を強制してくる。上の方というのは、これは明確な指揮系列を通じての上官だ。

ここに、何らかの不正のニオイも感じないのなら、まだガマンもできる。ところが、東邦、協栄という二つの保険会社に、天下りしているヤツがいるのだ。退職した高級幹部の多数だ。いわば、この会社は自衛隊の御用達のような存在。つまり、幹部は自分たちの天

あ〜、決して
強制しているワケじゃないが
生保には必ず入るように！
君タチのお陰で
リッチな老後
皇国生命
天下り幹部を
応援しよう！
挺身生命
私の老後もかかっていることだし……

下り先を確保するために、ボクらに、多額の保険を掛けさせているというワケだ。

高級幹部がこうだから、中隊レベルでも、上のマネをすることになる。中隊では、この二つの保険会社以外にも、保険を「積極的に奨励」する。わざわざ営内の教場を貸して、ソコにボクらを集めて、保険のオバさんに勧誘をやらせる。上の方にはオバさんたちから、タップリとした「おみやげ」がフリまかれている。中隊事務室は、「おみやげ」だらけだ。

こういうわけだから、オバさんたちには、営内班に自由に出入りして、保険の勧誘をやらせている。「女子禁制」の営内で、彼女たちはいつもカッポしているというワケ。

ある日のこと。ボクの先輩の当直陸曹は、ビックリ仰天してしまった。日朝点呼で営内班を回ったら、ベッドにオバさんと若い隊員が一緒に寝ていたのだ。自衛隊始まって以来の、前代未聞、空前絶後の事態。営内班に女性を連れ込むという！

もちろん、このオバさんは、直ちに自衛隊への出入り禁止と相なった。が、隊員の方が処分されたという話は聞かない。恐らく、この余りにも大変な出来事に怖れをなした中隊幹部が、必死でモミ消しを図ったであろうことは、推測がつく。

余談だが、「女子禁制」の営内班に、女性を連れこむということは、これ以外にもある。ボクの同僚の陸曹が、堂々とこれをやってしまった。もっとも、これは一切、おおやけにはならずにすんだ。こういうことがあるのも、わが市ケ谷だからだろう。

ところで、高級幹部の天下り先のほとんどが、軍需産業であることは、よく知られている。三菱重工業をはじめ、兵器生産関連企業の多数に彼らはしっかり、退職後の天下り先を確保している。元統幕議長の竹田五郎（元空将）は川崎重工業の顧問に、また同じく、元統幕議長の矢田次夫（元海将）は三菱重工顧問に天下りした。高級幹部と軍需産業との癒着は、自衛隊の肥大化の根本の要因ではないか。

これ以外にも、警備会社や食品産業など天下り先はある。もちろん、天下りがボクら、下っぱと無縁なことは言うまでもない。

●センシ保険のナイ？ 自衛隊

上の方がボクらに、保険を一生懸命掛けさせるのは、隊内で事故が多いのもひとつの理由だ。毎年、自衛隊では数十人が「殉職」しているが、重軽傷者を含めるとその数は膨大。ある秋の演習だった。中隊からカーゴ（トラック）の運転を命ぜられた陸士のひとりが、演習場内の道路脇に車ごと転落した。彼は、首の骨を折り死亡、乗っていた隊員も数人が重傷。

ところが、この死亡した彼に支払われた見舞金は、全部を合わせて千数百万円。このうち、三分の一がボクらの自主的な寄付である。自衛隊から支払われたお金は、一千万にも満たないという話。

最近では、交通事故で死んでも一億、二億といわれる時代。こんな時代に公務で死んでも、この程度のカネしか出さないのだから、自衛隊の人命軽視もヒドイというものだ。亡くなった隊員の、残された家族の悲痛な思いが届いてくるようだ。

だから、隊員の家族たちは、自衛隊にウラミツラミを抱いて、中には自衛隊を相手にして、損害賠償請求の裁判を起こしてくるのだ。裁判にまで踏切るのは大変なことだろうが、これが結構多い。

上の方は、こうした事故で残された家族が困らないようにと、強制保険の加入を勧める。死亡した場合には、隊員に寄付を強制する。しかし、これは本末転倒というもの。自らの責任を放棄していて何が保険だろうか。

つい最近、隊員の死亡した場合の見舞い金である、「賞じゅつ金」の引き上げが決められた。最高額の千七〇〇〇万から、五千万に引き上げるという。余りにも遅い！　この決定。今までに亡くなった隊員らは、浮かばれないというものだ。

ところで、保険というものが、戦争や内乱、暴動という事態では、支払われナイというのを、ボクは初めて知った。センソウで保険が支払われナイとなると、これから保険を掛けるのはカケ損ではないか?

●バイトに精をだす医官ドノ

まあ、保険にだいぶ悪口を言ってきたが、これはかつて、ボクが保険屋の口車に乗せられて加入した、個人的なウラミのせいだろう。しかし、保険にもいいところはある。ボクの先輩の陸曹は、保険に入っていたおかげで一財産築いてしまった。

ちょうど、八〇年代の初期である。演習がかつてなく強化されていく中で、わが連隊では、ある病気が流行るハメになってしまった。ある病気とは、驚くなかれ、これがなんと日本ではあの死滅しつつある結核なのだ。この病気に連隊で五人も罹ってしまった。

若い人々は、この病気の恐ろしさを知らないと思うが(ボクも知らん!)、今では、「贅沢病」そのもの。彼らは大事に、中病送りとなる。中病とは、自衛隊中央病院のことだ。ここで彼らは、半年もの贅沢な休養をする幸運を得たのだ。

ここでボクの先輩は、タップリ保険に入っていたおかげで、一日八千円ずつ六カ月分をいただいたというワケ。もちろん、ソコは自衛隊だ。この他に、給料も入ればボーナスも普通に入る。これでしっかり、稼いだのだ。

ボクらが隊内で病気になると、隊内の医務室に駆け込む。ここで制服の医官ドノから、病気が悪い場合は、営内休養、入室（隊内の医務室への入院）、入院の診断をしてもらう。ところが、医官ドノは、自分で余り診もせずに、すぐにボクらを民間病院や自衛隊の地区病院へ送ってしまうのだ。市ヶ谷は中病が近くにあるから、当然、中病送り。

たいていの隊員が、これでヒドイめにあう。なかでも多いのが盲腸。医官ドノに診せるとすぐ、切れ！　となるのだ。ボクもこれでやられたひとり。まあ、ヤブ医者ばかりというか、やる気がないのか、わからない。

彼らの気持ちも、わからないではナイ。なんせ、医者といったら、高級取り。その彼らが、雀の涙程度の医官の手当で、隊内でくすぶっている。だから、自衛隊では厳禁されているバイトに励むことになる。

最近は、この医官のバイトが大問題となっている。一九九四年には、防衛医大のインターンのアルバイトや、札幌の自衛隊病院の医官のバイトも明るみに出た。なかでも、横須賀地区病院の院長のバイトは、新聞を大きく賑わしたし、隊内でも話題になった。というのは、この横須賀地区病院は、「横須賀家畜病院！」として有名だからだ。

聞くところによると、シャバというか、刑務所の医官の治療もヒドイらしい。サボる受刑者を発見するのが、この医官ドノの任務らしい。だから、刑務所で重病に罹ったら、時には「殺される！」と考えた方がいい。自衛隊の医官も同じ。サボる隊員の発見に、これ務めるというワケだ！

●年度末には食料の大量支給

シャバでは、年度末ともなれば、交通渋滞が一番ひどくなる時である。アチコチの道路がホジくりかえされる。ドライバーには非常に迷惑だ。どうも年度末に道路工事が多くなるのは、予算の消化のためと聞く。

が、年度末に予算の消化に必死になるのは、役人はどこも同じだ。

自衛隊では、年度末ともなれば、ボクらは笑いが止まらない。なんせ、駐屯地の食堂へ行くと、大きな箱一杯に食物が入っていて、自由に持てるだけ持っていけるようになっている。まさに「持ってけ、ドロボー！」だ。

あるある。缶詰、乾パン、お菓子などなど。とてもボクらは食いきれない。だからボクの下宿のオバさんは、この時期には、ホクホク顔。

食物だけではナイ。この時期に射撃に行くと射ち放題だ。銃身はとても熱くて触れないほど。余った小銃弾を千発以上は射ちっぱなし。日頃は一発、一発を惜しんで射たせるというのに、この差は何だ、と思う。

上の方が言うには、この時期は、会計検査院の会計検査があるから、予算は全部消化せねばならないというワケだ。もし、これを消化していなければ、次年度の予算は削られるというワケ。だから、ボクらにもドンドンくれる。これなら「税金ドロボー」と言われても不思議ではない。

だいたい、自衛隊では、あまりカネのことは、考えない。車両班や通信班などに行くと、高価な部品をパカパカ替えてゆく。なかには一個、数百数千万円するものもある。「親方日の丸」だからだ。民間では、とてもありえない。もっとも、一発、数十数百万円もする弾をバンバン撃ちまくるのだから、金銭感覚があったら、大変というものだ。

国民の血税は、こうして、煙となって消えてしまう。

●不祥事件にビクビクする幹部

例の、保険のオバさんの連れ込み事件もそうだが、自衛隊では、事件が大きくなればなるほど、上の組織はモミ消しをはかる。ボクもこれを体験したことがある。

ある冬の、とても冷える夜だ。ボクは警衛の動哨についていた。重迫撃砲中隊の隊舎の辺りにきたところで、隊舎の中から煙が吹き出しているのに気づいた。ボクはあわてて、その隊舎に駆け込んだ。

火の元は営内班のベッドだった。マットレスの異臭とともに、煙は部屋中に回っていた。営内班には、七～八人が寝ていた。が、すさまじい煙の中で見事にグッスリ寝込んでいる。ボクが火元を毛布で覆いながら、大声を挙げて、ようやく全員、目をコスリながら起きてくるシマツだ。

この営内班では、前日、夜遅くまで宴会をやっていたという。アルコールがタップリ入って、熟睡していたわけだ。タバコの火の後始末の不注意が、出火の原因だ。ベッドの中での喫煙は、禁じられているはずなのに。つまり、ここでは、消灯時限、営内班での飲酒禁止、ベッドでの喫煙禁止という規律違反を犯している以外に、火事という最も重大な規律違反を犯したわけだ。

ところが、コノ事件は、まったくおおやけにはならなかった。火元の当事者も、営内班の班員にもなんの処分もない。本来であれば、当事者は火事を引き起こしただけで、停職か減給、そしてそこの上官、ここでは班長、中隊長、連隊長だが、これらは重大な処分があるはず。

自衛隊では、事件が重大であればあるほど、上は必死になってモミ消す。なぜなら、もし、この事件がおおやけになったとするなら、連隊長以下の幹部は、金輪際、出世の道から閉ざされるというものだ。

彼らは、ふだんでも部下の飲酒事故や交通事故にビクビクしている。だから、「事故防止」を、ボクらの耳にタコができるぐらいクドクド言う。彼らは、小さな事故でも自らの経歴に、キズがつくことを怖れている。彼らには出世こそすべてだからだ。

ボクは、ふだん見識のある幹部から、こういう話を聞いたことがある。自衛隊で小さな事故でも経歴にキズがつき、かつ、それが出世の道にひびくのは、官僚組織の必要悪だと。つまり、幹部の中の、たいして能力の違いのナイ人間たちから、上級幹部を選ばねばならないわけだ。そうすると、消去法が手っ取りばやいということになる。能力のある人を見つけるのは大変だが、落ち度のある人を見つけるのは、簡単というワケ。

自衛隊のモミ消しは、とくに外部にはひどい。マスコミに報道されることを、極度に怖れる。過敏なぐらいビクついている。だから、隊内での事故や事件をひた隠しに隠す。警務隊という便利な隊内警察も、これにシッカリ手を貸している。

●苦情処理をモミ消す幹部

かつて、ボクの意見具申もモミ消されてきたことは話してきたが、幹部のモミ消しはすべてにわたってヒドイ。例えば苦情処理。

苦情処理はボクらが本来、自衛隊の中で不当、不法な扱いを受けた場合、唯一の法的というか、実際的な上への申し立ての手段。これを申し立てた場合、正式な「苦情調査委員会」まで開くことになっている。そして、苦情を申し立てたからといって、「不利益な取り扱い」をも禁止している。

だが、実際は苦情の申し立てなど、とんでもナイ。これを部下から申し立てられると、幹部連中は自分の勤務成績に響くとか、監督不行き届きとか思いこむ。だから、当の申し立て人を必死で説得して、取り下げさせる。こういうことだから、教育隊でも、中隊でも苦情処理の申し立てについて、教えられることは絶対ナイ。陸士らにヘンな知識を与えたらタイヘンというわけだ。

同じことは、懲戒処分の手続きにも言える。

ある時、ボクの親友の陸士が、営内で上の三曹に殴られた。歯が三本おれるというケガだ。普通はここで一発五万円ナリで終わるところだが、上は「ケンカ両成敗」とやらで双方を懲戒処分にかけた。この三曹はふだんから暴力癖がある。過去に何人もの陸士が殴られている。

規則上は、ここで懲戒処分の審理が始まり、証拠調べをやって、処分を宣告される。つまり、普通の裁判と同じ手続きを踏むというワケ。

しかし、こういう手続きはメッタにやらない。あんまりオモテに出したくないのだ。だから、当事者に審理を自主的に辞退する手続きをとらせる。ボクの親友もこれをやられそうになった。これをやられてしまえば、間違いなく、「ケンカ両成敗」で三曹と同じか、より重い処分が下されることは明白。

そこでボクの出番。ボクも一通り法律を学んだ学士。自衛隊の規則を丹念に読んだ。そこで、規則に則り、ボクが「弁護人」に就くことにした。なんと、ここには「弁護人」の制度が明記してあった！

ところが、わが中隊長ドノはビックリ。中隊の幹部総出で親友を説得にまわったのだ。いったん、始まった懲戒審理もトンザしてしまった。親友もタップリとアメとムチを与えられたわけだ。

ボクの方はと言えば、大学の知識を生かして、弁護士の真似事ぐらいやるつもりでいたから、ガックリきてしまった。上のモミ消しの必死さにまさる法律はナイわけだ。

●一〇〇%を誇る選挙の投票率

「南京虐殺はデッチあげ」とか、「大東亜戦争はアジア解放の戦争」という発言で、法務大臣を辞任した永野茂門は、元陸自の幕僚長。陸上自衛隊の制服組の、トップだった人だ。

確か、彼は一九八〇年前後に陸幕長だったが、ボクらも旧軍出身幹部の時代錯誤の認識には、驚かされた。まあ、自分たちの青春を賭けたセンソウが、「侵略センソウ」であったとは、なかなか言い切れないとは思うが、少しは被害者のアジアの人々のことも考えた

もち論、投票は自由だが….
誰に入れたらいいかは
分かっているハズだな
議員になれば
年金たんまり！
あとうまさる
元幕僚長
皇軍の組織票で
国会を制圧せよ！
亜東大
隊友を内閣へ！
ノルマ達成しないと
出世にひびくしな…

らどうかと思う。

「大東亜センソウの聖戦論」を主張している旧軍出身者は、まだいいほう。ボクらの時代にたくさんいた「皇軍のボウレイ」どもは、特攻隊の精神や乃木大将の精神を、いつも強調していた。こんなボウレイどもの伝統を継承しているのが自衛隊だから、戦後生まれのボクらは、たまらない。

こんなボウレイを、何故法務大臣に？　とは誰でも思う。ブンミンでもない永野茂門が、法務大臣どころか国会議員になっていることさえ、不思議に思うだろう。実は永野は、自衛隊の組織内候補なのだ。

永野の後援会は、自衛隊内に張り巡らされている。幹部自衛官はこの後援会に、ほぼ強制的に加盟させられる。後援会を隊内に作ることは、もともとは、自衛隊法の政治活動禁止に触れる。が、ソコは自衛隊。出身者とそうでないのと、シッカリ区分けしている。

隊内では、政治活動違反をくぐり抜ける作戦は、巧妙そのもの。まず、選挙が近づくと頻繁に精神教育の一貫としての、「部外講師を呼んだ後援会」が開かれる。これにふつうの講師と一緒に、永野らの出身者を入れておくのだ。

選挙の直前になると、精神教育を一段と強化し、「安保や自衛隊の必要性」を強調する。そして、「自衛隊に反対」の候補者に投票しないよう強調する。これで万全ではない。

次が選挙というものの勝負だ。若い連中が棄権してしまえば、もともこもない。ここから、得意の「動員作戦」だ。選挙当日、近くの小学校などへの投票所に、部隊ごとに「出動！」と相なる。もちろん、特別勤務に就いている者も交代させる。休暇や特外は、ご法度となる。つまり、独裁政権並みの一〇〇％の投票率を誇るのだ。

●クーデターはできナイ将校たち

政治のことに関して言えば、自民党が分裂して新生党、次いで新進党が出来るという政界大再編で、最も困っているのが隊友会。隊友会とは自衛隊ＯＢの組織で、元自衛官を結集している。

自衛隊はもともと「自民党の私兵」。だから、隊友会も自民党のために、全力で選挙をやってきたわけだ。ところが、再編成で自衛隊出身議員の全部が、小沢党に行ってしまうハメとなった。永野を筆頭に、空自出身の参議院議員、田村秀昭らもそうだ。隊友会の悩みもフカイというもの。

自衛隊出身議員の全部が小沢党に行ったのも、さもありなんと思う。なんせ、今やソ連の崩壊という「仮想敵の喪失」で、小沢一郎サンに頼るしか、自衛隊の生き延びる道はナイと思うからだ。まあ、「軍縮で失職？」という恐怖まではナイとしても、またまた「日陰者」になる可能性は十分にあるというワケだ。

こういうワケで、出身議員だけでなく、シビリアンの防衛庁背広組も全部、小沢党に鞍替えしてしまったのが、昨今の自衛隊だ。つまり、「小沢新進党の私兵」になったということだ。上が変われば下も変わるのが「命令の絶対服従」が貫徹している自衛隊。そのうち小沢党一色に染め上げられるだろう。

ところで、こういうのが昨今の自衛隊だが、よく言われるように、この自衛隊にクーデターが起こる可能性はあるだろうか？　幹部の「クーデター発言」は、たびたび問題になってきた。ボクは、結論から言えば、ゼロとはいえないにしても、ほとんどナイと思う。

つまり、自衛隊というのは、典型的な官僚組織になっているということだ。いわば、役人根性が、上から下までゆき渡っているということ。

官僚の典型は「三ナイ主義」という。「休まナイ、遅れナイ、進んでやらナイ」だ。こういう官僚主義が浸透しているから、自衛隊はふつうの官僚どもと同じく、どんな政権でも強い方に、ナビくことになる。

自衛隊が、小沢党に衣替えしたのも、所詮、一時的な処世術かもしれない。が、この官僚化した幹部らの下で、「賭命義務」（命を賭ける義務）を課せられているボクらは、まさに、「消耗品」である。

●マスコミには模範回答を指導

自衛隊が外部に対して、必死にモミ消しを図ることはすでに話してきた。これは自衛隊の出生に関わることだ。なんせ、日陰者意識が強力だから、何事も包み隠すクセがついてしまっている。

この自衛隊が近ごろ、方向転換したと巷で語られている。つまり、隠すことを辞め、積極的に内部を公開するという。

ある人は「情報公開法」が出来たのだから、防衛庁も少しは情報の公開に踏み切るだろうと思い、防衛庁に行ってみたそうだ。ところが、広報課が出してきたものは、記者会見用のメモだった！　もちろん、それ以上のモノを要求しても、てんで受け付けない。彼が言うには、防衛庁は情報公開法ができてからの方がヒドクなったという。

この防衛庁の積極策は、まさに「宣撫作戦」そのもの。つまり、どうでも良い所は積極的に「公開」する。しかし、市民が最も知りたいと思うところは、いままで以上に「極秘」にする。

ボクも隊内に取材に来たマスコミには、何度もインタビューを受けた。新聞から週刊紙まで。ところが、こうしたマスコミの取材の場合、ボクらは必ず事前のキッチリとした模範回答の「テスト」を受ける。一問一答式の回答が、ソコにはていねいに書いてある。

例えばこうだ。

質問「自衛隊は憲法違反だと思いますか?」。

答え「国民の代表が選んだ国会で、多数の賛成で作られたのが自衛隊ですから合憲です」。

もちろん、上の方はこういう模範回答をちゃんとする「優秀隊員」だけを、あらかじめ選んでマスコミに差しだすというワケ。

だから、ボクは思う。マスコミに載る隊員の意識やら、考えやら、あるいは隊内の出来事などは、まったくのウソだと。本当の重要なことは、ほとんど報道されることはナイ。これが近ごろ、ますますヒドクなっている。断言するが、マスコミは最近では御用記事以外は、まったく書いていない。

つまり、上の方の記者会見以外の記事は、書いていないということだ。ああ、日本のマスコミも、落ちるところまで落ちてしまった！

かつて、わが自衛隊では、アサヒは「アカ新聞」とまで言われ、上の方は講読しているヤツを、常にチェックしていたものだ。もっとも、精神教育で上がこういう教育をするから、隊内でアサヒを講読するのは、それこそ、勇気を必要とした。

本でもそう。「三一書房」はアカの出版社だと。だから、昔はこの出版社の本を持っているだけで、上の注意を引いたものだ。しかし、いまや、これらのマスコミは、どこへ行ってしまった！

ともあれ、マスコミに優位にたってしまったグンタイというのは、シマツに負えない。

●「特定隊員」から外された社会党、創価学会？

自衛隊に入るには、学科試験、身体検査以外のもう一つの試験があることは、案外知られていない。この試験とは、身元調査で、隊内では第三次試験ともいう。

これは、通常は地元の警察に要請して、実施している。一次、二次の試験に受かれば、警察が当人の非行歴、逮捕歴などを調べる。地元での評判も、近所の住民に直接面接して調査する。つまりは、自衛隊と警察は一体化しているわけだ。

警察の調査の最も重要な狙いは、他にある。すなわち、「特定隊員」の選別であり、排除だ。ここにある「秘文書」がある。これにはこう書かれている。

A種特定隊員　暴力主義革命勢力の構成分子であることが確認された隊員をいう。

B種特定隊員　前号勢力の同調者であることが確認された隊員をいう。

C種特定隊員　前の二つに該当する容疑事実のある隊員をいう。

D種特定隊員　A種の勢力の影響下にある労働運動、サークル活動等に関係ある隊員もしくは、同勢力の構成分子ないし同調者を縁故者に有するか、あるいは、これらと親密な交友関係にある隊員であって、同勢力の影響をうけるおそれの濃いものをいう。

ここで大事なことは、「縁故者」だ。つまり、親、きょうだいから親戚までを含んでいる。そして、友人。何故なら、本物の「構成員」はそういるわけではないし、これは特定も排除も、そう難しいわけではない。が、その親戚や友人となると、相当大変になる。

この文書の後には、「秘匿符号」として、マル共、マル社、マル創、マル組の符号が指示してある。これはいうまでもなく、共産党、社会党、創価学会、組合員のこと。人事記録への記入の指示だ。

これは戦後の自衛隊が、自民党、民社党以外のすべての野党を「敵」として相対してきたことを示す。現実にボクの体験でも、七〇年代まで創価学会は、自衛隊の公然の敵であった。学会員であることは、上から厳しい目で見られたものだ。

社会党や日教組などの組合は、最大の敵のひとつだ。精神教育にはたびたび登場した。しかし、政界大再編で「最高指揮官」まで出すに至った社会党は、この後、どう位置づけられたのだろうか?

野間宏の『真空地帯』ではないが、皇軍では、「天皇の赤子」の名のもとで、「アカ」でも、「クロ」でも、入隊させていた。特定の国民や隊員を選別、排除することは、自衛隊の余裕のなさの象徴だ。結局、自衛隊はその構成からして、「国民軍」でもなければ、「市民軍」でもない。

ボクも上の態度からすると、ソロソロ「特定隊員」として、扱われ始めていることは、疑いない。

［補足　社会党は、党名を社民党に改称］

●ツブシがきかない自衛隊アガリ

ボクは、常々、思っている。グンタイというところは、三カ月、せいぜい六カ月が限度で、二年や三年、いわんや五年や一〇年以上も居ると、人間がますますダメになってくる。これはボクの、長いグンタイ生活から得た教訓というものだ。

また、逆にも思う。グンタイというところは、二〜三日や一カ月の体験では、何も苦しい想いもせずに終わるから、ノスタルジアだけが募る。この例が企業の体験入隊体験者。二〜三日の体験で、グンタイを知ったと思っている。

あの三島由紀夫もそう。一カ月の体験入隊で、グンタイを体験したと思い込んでいた。もっとも、三島の場合は、あのセンソウに行かなかったコンプレックスが、グンタイへのあこがれになったという。

ボクも、確かに思うこともある。人生のある時期に「団体生活」を経験することは、有意義かなと。しかし、これはあの「グンタイに入れば、規律が身につく」という、旧軍出身者のノスタルジアとは、違う。ボクの体験では、強制された規律は「身につかない」。

あるところに、「自衛隊に入って人間を作ろう」という標語があった。自衛隊の募集用だ。が、ボクの体験では、自衛隊は人間を作るどころか、ますますダメにするというのが結論。長年居れば居るほど、惰性的な人間ができあがるわけだ。強制された規律に慣らされ、命令に従うことに長年、慣らされてくれれば、もう、言われナイことをやる気はナイ。同時に、グンタイ生活の、あのなんとも言えない退屈さ。どこかの小説の材料にもなったこの退屈さは、これに耐えれば耐えるほど、惰性を生じさせるというものだ。

シャバに出ていった自衛隊出身者は、ほとんど使いものにならない。警備会社などの特定の仕事以外はだ。いわば、まったくツブシがきかない。これを承知で企業は、自衛隊出身者を好んで採用してきた。つまり、自衛隊アガリは、会社に忠実というワケ。

まあ、企業も、ただ忠実な以外にとりえのない社員は、この大不況の中では必要がなくなってしまったが。

定年退職した元隊員が、「人間崩壊」した話はよく聞く。ガッポリ貰った退職金を、わずか一年で使い果たしたとか、アル中になったとか。恩給が貰えるとはいえ、五〇何歳の若さで定年を迎える隊員は、確かにカワイソウ。世の中はこの年では、バリバリの働き盛り。政治家などはまだ青年だ。

それに、高級幹部と違い、佐官以下の定年退職者は、天下り先などは絶対ナイ。せいぜ

最前線で作業する施設部隊

い、就職援護で隊のほうに、ガードマンか管理人などを世話したもらうのがいいほう。佐官といえば、自衛隊では中隊長か連隊長以上。在職中は何百何千の部下を指揮していたわけだ。こういう人は気位だけが高くて、企業側でも扱いにくい。いわんや、その当事者は、一介の労働者に一挙に転落してしまうわけだ。長く勤まるはずがナイ。

こうして、若い身でのブラブラ生活が始まるということだ。長年、「奉公」してきた自衛隊への、ウラミツラミも出てくるというものだ。

●待遇改善で生き残れるか？

世の中は「少子化現象」とやらで、子どもがますます少なくなっている。深刻な住宅問題や女性の地位を根本的に変えないで、戦時中ではないがウメヨフヤセヨでは、どうにもならない。

だが、これに最も打撃を受けているのが自衛隊。なんせ、毎年、二万人以上が辞め、また、それと同じ数だけ入るというゼイタクな人事政策を繰り返している。その大部分は青年層。だから、このままいくと、自衛隊は、人の面から崩壊することになるというワケだ。

今は大不況だからいい。不況期には公務員に人が集まるのコトバどおり、オコボレは自衛隊にも少しは回ってくる。しかし、これがこのまま続くわけではない。

ソコで大きく打ち出されたのが、待遇改善の大改革というワケ。これを「輝号計画」と称している。

防大でも始まる。一般部隊でも広がっている。二段ベッドを一段にする、十数人部屋を四〜五人部屋にする、特外を自由にする等々。営内にシャワーや卓球台を作るというのもある。

また、基地開放とやらで、国民に基地を「開放?」することも始まっている。隊員クラブや体育館を、市民に夕方から開放するとか、PXの利用を平日の昼休みに、市民に開放するとか。こういうのもある。自衛隊のあのイカメしい塀と鉄条網をとっぱらって、塀を低くするという案だ。

しかし、ただ少し安いというだけで、質もワルイ、量もナイPXなどに、誰が物を買いに行くのか。あの男くさいクラブに、一般市民が好きこのんで酒を呑みにいくとは思えない。

隊員の待遇改善とやらも同様だ。目先の改善だけで根本がない。

もっとも変えねばならないのは、根本の体質ではないか。皇軍、旧軍の伝統なるものを引き継ぐ、あの体質だ。私的セイサイやら、点検やら、伝令などのグンタイ生活は、人間の感性を持ったものには、決して耐えられない。

最新の近代的装備を持った自衛隊が、もっとも古い、もっとも時代錯誤の体質を保っているということは、皮肉としかいいようがナイ。しかし、ことは皮肉ではすまされない。国民の血税と生命に関する問題なのだ。

●人手不足で危機が深まる自衛隊

この十数年、段々と特別勤務などがきつくなっているのは、陸自の人手不足が原因かもしれない。なんせ、ボクらの特別勤務のやたら多いこと。本来の定員の半分強の隊員しかいないわけだから、当然といえる。

この人手不足の中で、ママならないのが訓練や演習。中隊の戦闘訓練といっても、本来の中隊の人員はいやしない。だから、他の中隊と合同してやっと「中隊」になる。連隊の訓練も同じ。まあ、連隊は他から借りてくるワケにもいかないから、やっとしのいでいるところだ。

ところが、この定員不足は、三自衛隊の中ではほとんど陸自だけだ。海や空になると定員には満たないとしても、九〇％以上の実員がいる。しかし、陸自ときたら、平均でも八三％というからヒドイものだ。

が、ボクら、普通科ではもっとヒドイ。八三％も実員がいれば、勤務ももっとラクというものだ。実際の普通科部隊は、六〇数％ぐらいだから、ほかに人は廻っているということになる。どこに人はいるのか。昔は「北方重視」で、普通科でも北海道だけは一〇〇％に近い実員だったというが、ソ連の崩壊以後どうなったのか、まだ聞かない。

が、人はいた。統幕、これは自衛隊の高級幹部の集まるところだが、ここは一〇〇％の充足だ。つまり、人は通信などの職種や上級の機関に、重点配置されていることになる。だから、ますますわが普通科部隊は、人手不足に悩まされるというものだ。

この人手不足の中で、最近は婦人自衛官（女性自衛官）、通称ＷＡＣが増員されているようだ。が、やはり、これにも限度があるようだ。そして、このところ、お偉いサンたちが言っているのが、定員削減というワケ。つまり、陸自の一八万人体制から一五万人体制へということらしい。

タテマエとしては、社会党などに「軍縮のポーズ」を示すということらしいが、ホンネは、集めようにも人が集まらないのだ。だから、実員に合わせて、定員を作ってみせるというだけのもの。

それにしても、深刻なこの人手不足を、どう解消するというのか。待遇改善は話してきたが、これも解決策とは言えない。

上の方で最近、チラチラ見え隠れするのが、自衛隊の活躍を大々的に行うことで、これをクリアできるという考えだ。つまり、あのコクサイコウケンというものだ。国際的に活躍し、世界中を飛び回る仕事といえば、今まで外交官か商社員と相場は決まっていた。これにわが自衛隊が、加わったワケだ。言いかえれば、国民のセンイコウヨウが高まれば高まるほど、入隊者もゾクゾク増えるというワケだ。

だが、ボクは思う。今時の若者は、センイコウヨウをしたとしても、なかには吊られてくる者がいるが、大半は、ニヒルにそれをセセラ笑っているのではないかと。

●「制服を着た市民論」の大ウソ

ボクが覚えているだけでも、戦後の自衛隊は何回か「改革」なるものを打ち出した。しかし、余りマトモに実現された記憶はナイ。

この改革のなかでも、実現されるどころか、もっぱら大ウソだったのが、あの坂田防衛庁長官時代の「制服を着た市民」なるものだ。ボクは鮮明な記憶がある。新聞の一面を使った大きな広告が、すべての新聞に載っていた。そこには、「制服を着た市民」として、自衛隊は今後、国民と共に歩むこと、街で制服隊員を見かけたら、話し掛けてほしいと書かれてあった。

「軍服を着た市民」とは、フランス革命の市民軍から生まれたスローガンだ。ここでは、市民と兵士が一緒になって、革命を遂行した。そして、革命の只中から新しい軍隊・市民軍が生まれた。これがナポレオン戦争によって、変質を開始する。

だが、坂田が言ったのは、この意味とはまったく異なるものだ。彼は、これを単に「自衛隊の国民的認知」のためだけに、利用しただけだ。これであの公明党がコロんだことは、有名な話である。

本来、「制服を着た市民」とは、市民的感覚を持った自衛隊員であるということだ。市民的感覚とは、どういうことか。つまり、人間の自由や権利を尊ぶということに他ならない。ということは、まずは、自からが市民的権利を、行使していなければならない。自衛隊内に市民的権利なくして、市民の権利を守れるわけがない。論理矛盾もいいところだ。

ボクは、自分自身の体験を通して、この市民的権利を学び、行使することが、今後の自衛隊の、もっとも大きな役割と考えている。

皇軍、旧軍の「伝統」なるものは、隊内から完全に一掃しなくてはならない。制度的にも、思想的にも旧軍との関係を断つ、これが戦後五〇年を迎える日本の中での自衛隊の課題だ。つまり、今こそ、自衛隊の民主化が徹底的に必要ということだ。

第7章　自衛隊の常識はシャバの非常識

●「弛緩」を「ちかん」と言う幹部たち

隊内では、エンカンやブッカンバなどの自衛隊用語が溢れていることは書いてきたが、日本語さえも独特の用語で使われていることに、ボクは驚いた。

ある時、朝の訓示で連隊長ドノは、「お前たちは、最近〃ちかん〃している。もっと気合いを入れろ」などと述べた。ボクを含めて誰もが、〃痴漢〃事件がたくさん起こっているのか、これはイカンな、と思った。が、これはボクらの勘違いであった。〃ちかん〃とは「弛緩」という言葉の意味だった。つまり、「最近、規律が弛緩している」ということを、連隊長ドノは言いたかったのだ（「ちかん」とは、「弛緩」の慣用語）。

が、「弛緩」を〃ちかん〃と言うのは、ウチの連隊長ドノだけではないことがわかってきた。幹部たちの相当の部分がこう言うのだ。これは後でわかったが、こう言うのは陸自だけではなく、空自でも同じだそうだ。たぶん、戦後の自衛隊の創設期に「お偉いサン」が言ったのが、そのまま現在まで残ったのだろう。が、「お偉いサン」が言ったのをそのまま、陸自・空自の全隊に通用させたということが、なんというか自衛隊らしい。まー、しかし、この程度のことなら、「自衛隊のジョウシキはシャバの非常識」ということで、目くじらを立てることではナイ。

だが、ボクは後でもっと驚くことになった。それは、幹部候補生の試験を受けるための受験勉強をしているときにハーケンしたのだ。これは、『野外令第2部の解説』（陸上自衛隊幹部学校発行）というもの。ここの「第5章　士気」の中に「①士気の低下は、一般的に戦闘能力の低下、規律のちかん及び気分の沈滞等となって現われ、その兆候は、次の現象によって知ることができる。ア、略　イ、規律のちかん」（傍点は筆者）と明記されていたのだ！

陸上自衛隊の『野外令』というのは、旧陸軍の作戦要務令に匹敵する戦略・戦術の教範（教科書）である。あろうことか、この野外令の解説書の記述にまで〝ちかん〟が登場している！　それもこの解説書の発行は、陸自幹部学校である。つまり、この正式の教範の記述にも使われてしまった、というワケだ。

まー、これが自衛隊のジョウシキというものだ。

●多発する幹部の犯罪

シャバでは、相変わらず警察官の不祥事がメディアを賑わしている。警察内部も、イッマデツヅクヌカルミゾ！　ということなのか。ところが、この警察不祥事と同じく自衛隊内部の不祥事も、いつまでも続いている。

その不祥事だが、最近、どうも多いのが幹部自衛官なのだ。新聞紙上を賑わしていることれらの不祥事をみると、三等海佐がわいせつ行為（海自横須賀）、三等海尉が横領・窃盗（海自八戸）、一等陸尉が器物損壊（陸自駒門）、一等陸尉が窃盗（陸自目達原）などなど。陸曹長が自殺教唆（陸自久留米）という珍しいものもある。

もちろん、これに劣らず一般の曹士隊員の不祥事も頻発しているが、やはり、数から言っても幹部自衛官のそれは目立つ。記憶にも残るが、〇四年三月には、陸自古賀駐屯地の二等陸佐が、刀で妻を刺すという殺人未遂事件まであった。自衛隊で二佐といえば、上級幹部だ。こういう上級幹部までが事件を起こすなんて、かつての自衛隊では考えられない。

そうそう。かつてはあり得ない「幹部の不祥事」事件が、陸自第一三旅団長（広島県海田町）の暴行事件だ。これは、同旅団の奈良暁陸将補（五六歳）が、一年前から駐屯地の部下四人に殴る、蹴るなどの暴行をふるい続け、広島地検に書類送検されたというもの。

いやー、よくやるナー。旅団長といえば、陸自では師団長と同格待遇。実戦部隊では最高指揮官。地方では「名士」そのもの。ボクら、下っ端の隊員にとっては「雲の上の人」なのだ。この最高指揮官が、部下にふだんから暴力をふるい続けるというのでは、指揮官の権威も価値もあったものではナイ。

ボクは、別のところで書いてきたが、自衛隊では「私的制裁」はナイことになっている。が、実際には頻繁に起こる。この理由を今さら繰りかえすこともないだろう。ただ言えることは、一般社会では、大企業の最高幹部クラスが、部下にふだんに暴力をふるうなんてことは考えられもしないに違いない。今どき、ヤクザ社会でさえもこんなことはナイ。それだけ、ヤクザもスマートになっている。ということは、自衛隊は昔のヤクザ社会ということになる。いわば、新隊員教育の頃から、隊員シツケの基本を暴力や強制におく自衛隊のジョウシキが、このような傾向を生みだしたということ。

幹部自衛官の不祥事についても、これは言える。この不祥事の背後にあるのは、防衛庁も調査して掴んでいるが、だいたい、隊員のサラ金通いだ。まー、シャバでもサラ金問題は、大きな問題になっているが、自衛隊の幹部自衛官ともあろうものがサラ金地獄に陥っているとは、オソマツと言うしかない。が、これは真実なのだ。彼らは、それなりの給料をもらいながら、遊びがハデ。この後始末がサラ金通いと相なる。

しかし、自衛隊での最近の不祥事の多発は、別のところにもその原因がある。これは、隊内が極度のストレス社会になっているということだ。

●自殺者はなぜ激増したのか?

このストレス社会ということで言えば、隊員の自殺の増加がその最たるもの。ボクの長い自衛隊生活でも、隊内での自殺者はいるにはいた。が、それはまれにしか見聞きしないものだった。

ところが、最近の自殺者の多いことといったら、ひどいというか、なんとも悲しくなってしまう。一九九八年からのここ五年間でみると、全自衛隊で年間およそ六〇人から八〇人近くが自殺している。

防衛庁の調査によれば、この原因は病苦(二八人)、借財(八六人)、家庭(三三人)、職務(四一人)ということであるが、「その他・不明」が半分近くいるのだ。つまり、防衛庁の調査でも、隊員の自殺の大半は原因がわかっていないということ。

ボクの直感によれば、この自殺の原因は、隊内が極度のストレス社会になっていることがあると思う。というのは、ここ数年、自衛隊全体が大きく変わっているからだ。師団が旅団になったり、わが第三二連隊が大宮に移転したり、特殊部隊ができたりと。こうなるとどうなるか。隊員の転属・異動が頻繁になるということだ。慣れない土地への転属は、隊員といえどもツライ。それも単身赴任が多い。

この自衛隊の再編成の問題から言うと、数年前の「西部方面普通科連隊」三名の隊員の自殺は、典型的例ではないだろうか。この部隊は、全国から選りすぐったレンジャー要員などを基幹に、自衛隊初の「武装ゲリラ対処」のための「特殊部隊」として、華々しくスタートしたものだ。ところが、この発足直後から、自殺の多発に見舞われた。この自殺した隊員は、三人ともに陸曹だ。そのうちの二人は単身赴任中で、家族の元に帰省中に自殺したという。

もうひとつ背景にあるのが、訓練・勤務疲れ。なんせ、ここ数年の訓練は、かつての対抗部隊（ソ連を敵としたもの）を相手とした訓練・演習から、対ゲリラ・コマンドゥ相手の訓練に全部変わってしまった。この訓練の意味は、対北朝鮮もあるが、イラク派遣に伴う実戦訓練もその目的だ。この訓練、隊内では「ゲリ・コマ訓練」と言うが、少人数の部隊を軸にした対ゲリラ戦訓練だ。それも最近では、対イラクの、検問や「自爆攻撃」に備えた実戦訓練も強化されている。

そしてまた、PKOに続き、アフガン―イラクと続く海外出動が、これに輪を掛けている。つまり、現在の自衛隊内は、どこかの部隊が必ず海外に出動しているので、このための訓練や待機やらで、心が安まるヒマもない、ということだ。

●放火と飲酒で大騒ぎの海自艦艇

先述の「幹部の不祥事」でも、海自幹部の〝カツヤク〟が目立つが、自衛隊の中でこのところ事件・事故が一段と起っているのが海自だ。なぜ、海自はこうも不祥事が起こるのか？

この海自の不祥事の中でも特筆すべきものが、二〇〇二年の一連の護衛艦放火事件だ。この年の一月、まず千葉県犬吠埼沖を航海中の護衛艦『うみぎり』で、艦内士官室から火災発生。また同年三月には、この艦の士官室から再び火災発生。そして同年五月、三度目の火災が同艦から発生という驚くべき事態。

おい、ちょっと煙が多過ぎないか？

最初の放火は、同艦の機関科員の海士長（二二歳）が逮捕され、懲役一年六ヵ月の有罪判決が下された。また、二度目の放火では、同艦所属の三等海尉が逮捕されたが、三尉は容疑を否認し、検察庁も容疑不十分のまま釈放したという。しかし、三度目の放火では、未だに犯人のメドもたっていないという。

この艦では、二度目の放火事件の発生以降、艦長を交代させたほか、およそ一七〇人の乗員のうち約二〇人を入れ替え、艦内の規律を引き締めたという。がしかし、放火事件はその後もおさまらなかったということだ。

この海自艦艇内の一連の放火事件は、犯人も、原因も、ほとんどわかっていないが、唯一逮捕された先の海士長は、その裁判の中で、艦内でのイジメ・暴力があったことを証言したという。つまり、この艦艇内の放火事件の原因は、やはり、イジメなどが原因であったのだ。言い換えると、イジメにしろ、何にしろ、艦艇内で大それた放火までしてしまうほど、隊内の不満がうっ積していた、ということ。

この放火事件とともに、世間を賑わしたのが海自の飲酒事件だ。これは、二〇〇二年の一一月から半年の予定で、インド洋に派遣されていた護衛艦『はるさめ』艦内で艦長以下の大量飲酒が発覚し、艦長以下八六人が懲戒処分を下されたというもの。それだけではなかった。二〇〇二年末には、護衛艦『あさかぜ』艦内でも大量飲酒事故が発覚し、乗組員二五人の懲戒処分が下されている。

まあ、「艦内での飲酒事件」と言えば、シャバではなんと大それたことか、と思うかもしれない。が、演習中だろうが、弾薬庫警備中だろうが、アルコールを絶やしたことのない陸自のボクらにとっては、全然驚くに値しない。ボクが驚いたのは、飲酒原則禁止の艦内で酒を飲んだことではなく、その後の海自の対応だ。すなわち、この事件後、海自では、飲酒の許可は、艦長判断から海幕長判断に変更されたという。いやー、艦内で酒を飲むのに、わざわざ最高指揮官の〝メイレイ〟が必要とは、海自も落ちるところまで落ちたものだナー。

ところで、シャバには知られていないが、自衛隊の海外出動の中でももっともカツヤクしているのが、海自である。イラク派遣の中では、わが陸自のカツヤクだけがメディアに報道されているようだが、実はもっともカツヤクしているのは海自なのだ。

テロ対策特別措置法に基づく海自艦艇のインド洋への出動は、すでに三年以上もたっている。また、わが陸自などがイラクへ行くのにも、海自輸送艦などの支援は欠かせない。

つまり、海自はアフガン戦争、イラク戦争のすべてに海外出動しており、護衛艦・輸送艦・補給艦などは、半年交替でフル出動しているということ。海自内では、このフル出動状態に隊員が耐えきれなくなり、出動する艦などの乗組員を別の艦（出動しない）に交替させてしのいでいるという。

この艦艇内での不満を象徴する事態が、二〇〇二年一一月の横須賀所属の護衛艦『しらね』で起きた事件だ。この艦では、インド洋出動の直前に「機関の修理に不正があった」という隊内からの告発があり、この調査のため、この艦の出動が中止に追いこまれた。ところが、上の方の発表によれば、調査の結果、このような事実はなかったという。

まあ、事実があったかどうかはともかく、問題は、この「内部告発」を起こしてまで、海外出動をしたくない、という隊員の〝レジスタンス〟があるということではないか。つまり、『うみぎり』内での放火事件も、飲酒事件も、そして護衛艦内での自殺事件（『さわぎり』乗組員の三曹の自殺事件。この海曹の両親は、イジメが原因だとして、自衛隊を相手に裁判中）も、この間の海自―自衛隊の海外派遣の常態化が生じさせた事態だということだろう。海自内は、まさに不満が爆発寸前なのではないか。

●イラク派遣に「ネツボウ！」

さて、その自衛隊のイラク派遣だが、率直に言って、このイラク派遣には、わが連隊でも、第一師団でも「不満」が高まっている。これはなにも政治的不満でもなければ、派遣ハンターイというわけでもナイ。

というのは、わが連隊を含む第一師団（東部方面隊）は、このイラク派遣から見事に外されているのだ。これも陸自再編という名の下に、「政経中枢師団」として指定されたがため。つまり、これは「首都防衛」下での、「政治・経済中枢」をテロ・ゲリラから守るという口実である。が、「テロの脅威」など、実際はありもしない。このありもしないテロのために、相変わらずの訓練・演習だけを務めさせられているから、不満も募るというものだ。

陸自のイラク派遣は、周知のように、北から西・南へ、順次始まっている。現在は中部方面隊が、その要員になっている（〇五年五月）。が、わが東部方面は素通り。

このイラク派遣では、報道のとおり、「一日ウン万円」の特別手当が支給される。三ヵ月では「ウン百万円」だ。まあー、カネでイラク派遣要員を募るという、防衛庁のやり方にも問題があるが、いつもカネにピーピー言っている隊員にとっては、これは魅力的だ。これでサラ金の借金をイッソウする、というヤツもいるという。

だが、やはりわが隊員たちが、イラク派遣を「ネツボウ」というのは、カネだけではナイ。毎日の、ウンザリする、意味も意義も感じられない訓練・演習。退屈な内務班生活。

いわば、戦後ウン十年もの退屈な、耐え難い隊内のあり方が、「ネッボウ」の動機だろう。しかし、ボクらは、やはり問い直すべきだ。自衛隊のイラク派遣は、大義も何もない海外「派兵」だと。この戦争は、戦争目的も崩れたし、イラクを長期占領する意味もない。そして、今は「非セントウチイキ」とかで安全が言われているが、イラクの危機的状況をみると、派遣隊員のセンシは必然化するということだ（最近、『アサヒ』は、社説でサマワの自衛隊は一度も発砲していない、奇蹟だ、とトンデモナイデマを書いていたが、隊内ではすでに、数回威嚇射撃していることが話題になっている）。

こういうことから、隊員たちの「ネッボウ」に対して、隊員家族の「行かないでほしい」という声が多いのだろう。

ところで、この家族の声だが、この間の海外出動では、陸海空三自衛隊ともに、隊員ばかりでなく家族の派遣に対する承諾も必要になっている。カアちゃんたちが、「絶対、イカナイデー」と言えば、いくら本人が「ネッボウ」しても、上はOKを出さないのである。

もうひとつの問題は、海自と陸自・空自では、いくら「志願」といっても実際は大きな違いがあるということ。つまり、陸・空では、志願者をかき集めて派遣部隊を編成しているが、海自では形式上「志願」ということになっていても、実際は志願ではなく、強制である。

というのは、海自の海外出動は、「フネ」ごとに出動命令が出るから。また「フネ」は、その乗組員が欠けては機能しないからだ。おそらくここから、海自の海外出動には隊員の不満が大きくなっている。

しかし、時代は変われば変わるもの。ボクの入隊した頃は、海外派遣なんて考えられもしなかった。でも今では、自衛隊はイラクだけでなく、インド洋にも、ゴラン高原にも〝派兵〟されている。そろそろ国会には「恒常的海外出動法」が出され、「海外派兵」を自衛隊の「本務」とする法律も制定されるという。このクニは、いったい、どこに向かうというのか？

●海外派遣は断れるか？

前述のように、わが連隊には当面、イラク派遣はオヨビがナイのだが、北海道に赴任しているボクの同期によると、「ネッボウ」と言っても実際には、「熱望」して志願せざるを得ない雰囲気がつくられているそうだ。

そうだろう。自衛官たるもの、イラク行きに「命が惜しい」から行きたくないなんて、口が裂けても言えるものではナイ。せいぜい、カミさんが病気だとか、両親が病気だとか言えるぐらいのものだ。

ところで、PKO派遣の始まる頃からだが、今回のイラク行きでも隊員は全員、派遣に向けての「選考調査結果記入用紙」に記入することになっている。ここでは、派遣への「本人の意志」という欄があり、「1、参加を熱望する　2、参加を希望する　3、命令なら参加する　4、迷いがある　5、参加は難しい」のいずれかにマルを付けることになっている。まー、付け加えると、この記入用紙は幹部用であり、曹士用には「参加を熱望する」という項目はナイ。

が、いずれしろ、こういう項目に記入するとなると、「参加を熱望する」「参加を希望する」という以外にマルは付けられない。というのは、仮に「迷いがある」とか、「参加は難しい」なんて所にマルを付けたら、誰しも今後の勤務評定やら出世やらにひびくと思うからだ。いわば、嫌々ながらであれなんであれ、ボクらは、事実上強制的に海外に行かざるを得ないのだ。

ホント、ボクが入隊した頃は、海外派遣なんて夢にも考えられなかった。そんな大それたことは言っただけで、首相や防衛庁長官のクビがいくつも吹っ飛んだだろう。そういえば、ボクらが入隊時に誓約した「宣誓書」にも「海外派遣」なんて、一言もなかった。

87式偵察警戒車

「我が国の防衛」以外は。逆に言うと、ボクらは、本来、自衛隊法に則れば海外派遣は拒否できるということだ。

だから、上の方はそれを心得ていて、紹介したような「選考調査結果記入用紙」を書かせ、あたかも派遣が隊員個人の「希望」であるかのように仕向けるのだろう。しかし、もしかすると、このように形式的であれ「派遣希望」が入れられるのも今のうちだけかもしれない。もし、海外派遣が自衛隊の「本務」ともなれば、現在の自衛隊法が規定する罰則が適用されることになるだろう。そうなれば、ボクらが派遣を断ったなら刑事処分をくらうことになる。

イラク戦争と自衛隊のイラク派遣については、隊内でも評判は良くない。何よりも政府の対米追随には、みんな呆れている。その意味では、自衛隊が海外に行くことについても、隊員の相当の部分が批判的意見を持っている。まだまだ、隊内はそういう意味で「平和の精神」は崩れてはいない。ただ、こういう海外出動が繰りかえされたらどうなるか。その時は、今の隊内の雰囲気も大きく変わっていくかもしれない。その意味では、今が正念場なのだろう。

●ネット環境で「無風地帯」でナイ営内

　ボクが入隊した頃と今と大きく変わってしまったのは、隊内でのネット環境だ。もちろん、ボクら普通科部隊は、相変わらずの泥マミレの訓練や演習が続いている。が、ボクも時々、臨時勤務で事務室での勤務をやることがある。そんなとき、パソコンでの仕事やインターネットへのアクセスは、当然のようになってしまった。

　もっとも、パソコンが中隊に入ってきたときもそうだが、今でも多くの隊員たちは、課業中でもゲームやら、ネット上での「ＡＶ鑑賞」に浸っている。まー、それはおいといても、パソコンが隊内に入ってきて、ネット環境ができたことは、ボクらにとってはこの上なく大きい意味がある。

　というのは、営内の環境は考えられないような、一般社会と隔離された社会だからだ。これが、ネットにアクセスするようになって、多くの隊員たちがシャバの人々とさまざまな交流ができるようになった。もちろんこれは、ネット上のことだが、ネット上であったとしても、一般社会のいろいろな情報、出来事を知ることは、ボクらにとってはとっても新鮮なのだ。

こういうこともあるからか、このところ上の方は何かにつけてパソコンの規制をし始めている。個人のノートパソコンに入っていた情報が外部に漏れたとか言って、ノートパソコンの外出時の持ち出しを禁止したこともある。あるいは、日本最大のネット掲示板『2ちゃんねる』に、隊内情報を漏らすヤツがいるとかで、『2ちゃんねる』へのアクセスが禁止されたこともある。

そういえば、数年前には現職の隊員たちが運営するホームページをたくさん見かけたが、いつのまにかほとんど消えていった。たぶん、これは上の方から圧力が掛けられたのでは、というのが、ボクらの見方。まあ、ボクらは、外部へ意見を発表したりすることは禁じられているから、政治的意見などはやむを得ない面がある。が、ボクが隊員たちのホームページを見た限り、そんな政治的見解などはなかった。つまり、なんであれ、隊員がシャバ（社会）に自らの意志を明らかにすることを、上の方は恐れているのだろう。

しかし、この情報化の時代、いつまで隊内・営内を「無風地帯」にしておけるのか。いずれ、かつての東欧社会ではないが、情報化の波が自衛隊全体を覆い尽くしてしまうことになるだろう。その時、こういう「皇軍」を引きずったままの自衛隊は、果たして生き残れるのか。大いに疑問がある。

著者略歴

根津進司（ねず　しんじ）
１９５０年、鹿児島県に生まれる。
１９７０年、陸上自衛隊に入隊。

逃げたい やめたい 自衛隊
──現職自衛官のびっくり体験記

2005年５月30日　第1刷発行

定　価　（本体1700円＋税）
著　者　根津　進司
発行人　小西　誠
装　幀　タケタニ
発　行　株式会社　社会批評社
東京都中野区大和町1-12-10小西ビル
電話／03-3310-0681
FAX ／03-3310-6561
振替／00160-0-161276
ＵＲＬ　http://www.alpha-net.ne.jp/users2/shakai/top/shakai.htm
Email　shakai@mail3.alpha-net.ne.jp
印　刷　モリモト印刷株式会社